学習と業務が加速する

ChatGPTと学ぶ Excel VBA&マクロ

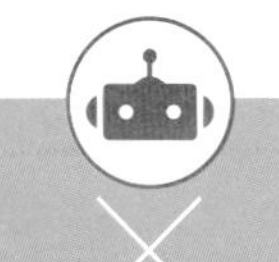

VBAの
未経験者や
初心者にも
最適

たてばやし淳 著

ソシム

PART 3 VBAの基本を学ぼう …37

PART 4 VBAの基礎からステップアップしよう …57

PART 5 わからないことはChatGPTで調べよう …107

PART 6 マクロを作るためにChatGPTのサポートを受けるコツ …129

|まえがき|

Excel仕事を自動化する「マクロ」を、「ChatGPT」というAIパートナーと一緒に作る・学ぶ！

本書を手に取っていただきありがとうございます。こんにちは。たてばやし淳(エクセル兄さん)と申します。

私は、かつて「地獄のトリプルワーク時代」を経験しましたが、Excelマクロなどの自動化スキルを学んだ結果、時間の余裕を生み出すことができました。この経験から、「多くの方にも、自動化スキルを活用して仕事をラクにする方法を伝えたい」という想いで発信活動をしてきました。

しかし、Excelマクロの学習は入門者にとって敷居が高く、挫折してしまう方も少なくありません。
そこに「ChatGPT」が登場しました。ChatGPTは対話型の人工知能で、プログラミングのコード生成を得意としています。かんたんな命令をするだけで、Excelマクロを作るためのVBAのコードを生成できるのです。また、コードについてわからないことを説明させたり、エラーの原因を考えさせたりすることも可能です。つまり、初心者でもChatGPTを活用することでExcelマクロの作成や学習が格段にラクになるわけです。

本書では、ChatGPTをマクロの作成と学習のためのベストパートナーとして上手に活用する方法を解説しています。さらに、業務の効率化に直結する具体的なマクロを作るためのレシピ集も収録しました。

本書を読み、実践することで、仕事の効率化だけでなく、新たな「AIを活用した働き方」と出会い、そしてその可能性を感じていただければ幸いです。

PART

1

ChatGPTを始めよう。Excelマクロの強い味方！

教材ファイル

GPT命令文

補足動画

この章のサポートページで閲覧できます。
https://excel23.com/chat-vba#part1

アイ子：ChatGPTは、Excelマクロの学習やコードの書き方をサポートしてくれるのよ。具体的には、マクロの基礎から応用までの勉強や、コードの記述や編集、うまくいかないコードの修正方法や便利なマクロ作成のアイデアを提案してくれるわ。

新宮君：それってすごく便利ですね！早速ChatGPTを始める方法を教えてもらえませんか？

アイ子：そうね。まずはChatGPTの利用登録をしましょう。無料でも使えるわ。それから……、ChatGPTは完璧なわけではなく、弱点もあるの。でも、対処方法もあるわ。まずは、ChatGPTの弱点と、その対処方法も知っておきましょう。

1/1 ChatGPTは何ができる？

ChatGPTは、チャット形式で会話できるAIプログラムです。OpenAI社が開発しています。ChatGPTを使えば、Excelマクロの学習や、コードを書く作業をサポートしてもらうことができます。

Excel マクロにより仕事を効率化する上で、ChatGPT には、具体的に以下のような活用方法があります。

1. コードの基礎から応用まで、書く作業をサポートしてもらう
2. コードを書いたり、編集したりしてもらう
3. うまくいかないコードの修正方法を提案してもらう
4. 便利なマクロ作成のアイデアを提案してもらう

ChatGPTの料金プランとその違い

2023 年 6 月執筆時点で、ChatGPT には無料版（Free plan）と有料版（ChatGPT Plus）という 2 種類のプランがあります。

	無料版（Free plan）	有料版（ChatGPT Plus）
機能	需要が多いときに応答が遅くなる	需要が多い時間帯も利用可能 より速い応答速度 新機能の先行利用 **最新の言語モデル「GPT-4」を利用できる**
料金	無料	月額 $20（US ドル）

無料版でも基本的な機能は利用できますが、需要が多い時間帯には利用が制限されたり、応答速度が遅くなったりすることがあります。有料版の ChatGPT Plus には月額 $20（US ドル）の利用料金がかかる一方で、需要が多い時間帯でも優先的に利用でき、応答速度も速くなります。さらに、新機能の先行利用や最新の言語モデル「GPT-4」を利用できるというメリットもあります。

最新の「GPT-4」はプログラミング能力も大幅に向上し、Web検索機能も搭載

「GPT-4」は ChatGPT の最新モデルで、過去のモデルと比べて格段に性能が向上しています。回答の精度は飛躍的に上がり、マクロ（VBA）のコードを作成する能力も強化され、より効率的で正確なマクロの提案が可能になりました。加えて、「GPT-4」はインターネット検索を併用して最新情報を回答する「ブラウジング機能」や、70 以上のサービスと連携して回答する「プラグイン機能」など、開発途中（Beta）の機能も利用できるようになっています。このモデルは、有料版の ChatGPT Plus において利用可能です。

1/2 ChatGPTの弱点と、その対策

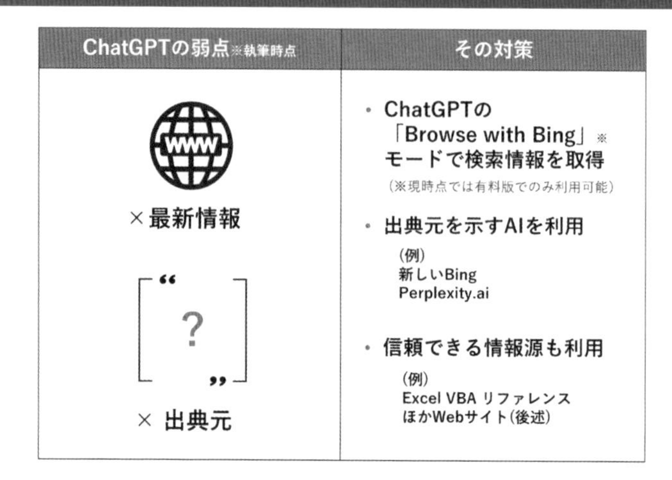

ChatGPTの弱点※執筆時点
その対策
×最新情報
× 出典元
?
・ChatGPTの「Browse with Bing」※モードで検索情報を取得
(※現時点では有料版でのみ利用可能)
・出典元を示すAIを利用
(例)
新しいBing
Perplexity.ai
・信頼できる情報源も利用
(例)
Excel VBA リファレンス
ほかWebサイト(後述)

ChatGPTは非常に便利なツールですが、完璧なツールではありません。VBAの学習やコードを書く上で、例えば以下のような弱点があります。

ChatGPTは最新の情報を回答できない

2023年6月の時点のChatGPTは、最新情報をWebから取得する機能は有料版（ChatGPT Plus）にのみ搭載されています。これに対し、無料版のChatGPTではWebからの最新情報を取得することはできず、AIモデルが学習した2021年9月までの情報に基づいて応答します。したがって、ユーザーの質問に最新の情報を提供する能力はありません。

例えば、Excelについて最近発表された最新のアップデート情報などは、ChatGPTが学習していないため、正確な回答を提供できない可能性があります。

ChatGPTの回答はソース（出典元）が明確でない

ChatGPTの回答は、どのような根拠や出典に基づいているかが明確にされていないこともあります。VBA関連の質問に対する回答もしばしば、情報源が不明確なのです。

ChatGPTの弱点への対処法

ChatGPT以外にも、回答のソース（情報源）とともに回答してくれるAIが存在します。例えば、マイクロソフトの提供する「新しいBing」や、会話形検索エンジン「Perplexity AI」などです。ChatGPTとこれらのAIを併用することも、有効な方法でしょう。

また、ExcelやVBAについてより正確な情報を得たいときは、マイクロソフトの公式リファレンスや、信頼できる情報源を参照するとよいでしょう。

補足〉信頼できる情報源の例

VBAに関して信頼できる情報源には、以下のようなものがあります。

・Excel VBA リファレンス（Microsoft Learn）

https://learn.microsoft.com/ja-jp/office/vba/api/overview/excel

Microsoftが運営する「Microsoft Learn」は、公式情報を提供するため最も信頼性が高い情報源でしょう。ただし、英語から日本語へ自動翻訳された文章が含まれているため、間違っていたり理解しにくかったりする箇所が存在することもあります。また、VBA専門サイトではないため、サイト内検索には向いていないかもしれません。検索したいときには、Google検索上で、知りたい「コード（VBA）」と「Learn」とを組み合わせて検索すると、Microsoft Learn内の該当ページを見つけられます。

・エクセルの神髄

https://excel-ubara.com/

山岡誠一様による実践的な知識が初心者向けに解説されたサイト。話し言葉とサンプルコードを用いてVBAが非常にわかりやすく説明されています。

・Office TANAKA

http://officetanaka.net

田中亨様による人気のVBA解説サイト。ユーモアを交えた面白くて軽快な語り口調ながら、深い内容の解説が掲載されています。

・インストラクターのネタ帳

https://www.relief.jp/

伊藤潔人様による経験豊富なインストラクターのサイト。検索キーワードに基づく記事が多く、検索しているとよく見つかると思います。

・いつも隣にITのお仕事

https://tonari-it.com/

高橋宣成様による開発者向けサイト。Excel VBAだけでなく、WordやOutlookのVBA、他言語についても幅広く解説されています。

・moug（モーグ）

https://www.moug.net/

株式会社オデッセイ コミュニケーションズによるサイト。サンプルコードを使ってVBAが簡潔かつ数多く解説されています。同社は、国内のOfficeスキル認定資格「MOS」や「VBAエキスパート」を運営しています。

これらの情報源とChatGPTの提案を照らし合わせることで、より正確な情報が得られるでしょう。

1/3 ChatGPTを10分で始めよう

ChatGPTのアカウントを作る手順を解説します。スムーズに進行すれば、10分以内に終わります。

［手順①］ChatGPTの公式サイトにアクセスする

［1-1］以下のChatGPTの公式サイトにアクセスします。
https://openai.com/blog/chatgpt/

［1-2］ページ内にある「Try ChatGPT」というボタンをクリックします。
または、次のURLに直接アクセスします。
https://chat.openai.com/auth/login

［手順②］登録する

［2-1］上記のような画面で、「Sign up（登録）」というボタンを押します。

［2-2］「Create your account（アカウント作成）」という文章の下の入力欄に、ご自身のメールアドレスを入力して「Continue（続ける）」ボタンを押します。

［2-3］パスワード（8文字以上）を入力し、「Continue」をクリックします。

［手順③］メールアドレスの認証

［3-1］画面に「Verify your email address（メールアドレスの認証）」と表示されます。

OpenAI

Verify your email address

To continue setting up your OpenAI account, please verify that this is your email address.

Verify email address

This link will expire in 5 days. If you did not make this request, please disregard this email.
For help, contact us through our Help center

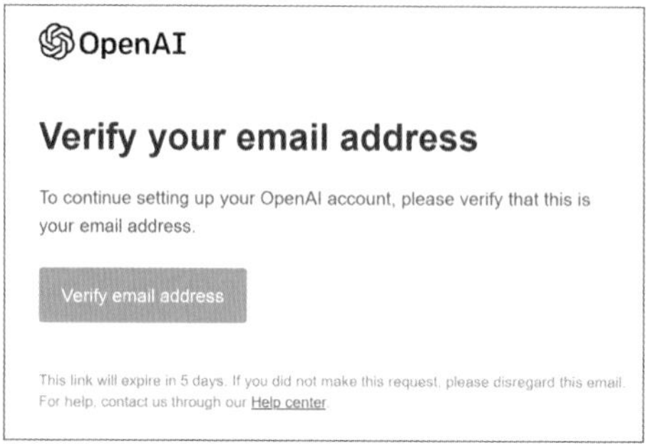

［3-2］メールボックスを確認してください。「OpenAI」からのEメールが届いるはずです。Eメールを開いて、本文にある「Verify email address」というボタンを押してください。
メールが届かない場合は、迷惑メールフォルダーに入っている可能性があります。

［手順④］個人情報の入力と電話番号認証

［4-1］「Tell us about you（あなたについて教えてください）」と表示されます。その下の入力欄に、「First name（名）」「Last name（姓）」を入力し、「Continue」ボタンをクリックします。
日本語で入力することも可能なようです。

［4-2］「Verify your phone number（電話番号の認証）」と表示されます。

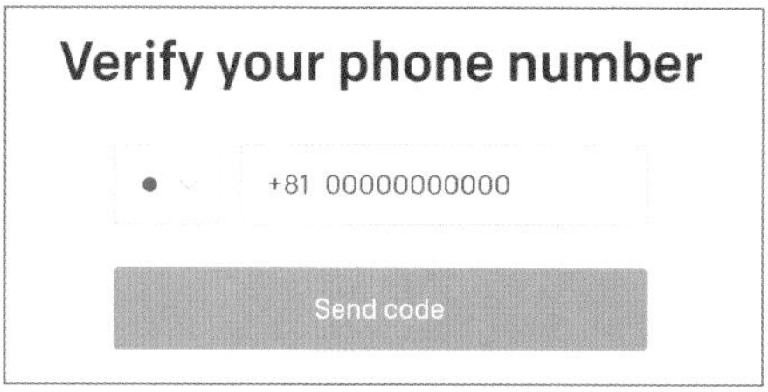

Verify your phone number

+81 00000000000

Send code

上記のように、国の選択欄が「Japan（日本)」になっていることを確認し、右の入力欄に、ご自身の携帯電話の番号を入力します。「Send code」ボタンをクリックします。

電話番号の最初の0は入力不要です。「090-XXXX-XXXX」であれば、「90XXXXXXXX」と入力してください。

[4-3] 画面に「Enter code」と表示されます。ここに、携帯電話のSMS（ショートメール）に届いた6桁の認証コードを入力してください。

[4-4] 以上で、ユーザー登録が完了しました。

1/4 さっそくChatGPTに命令してみよう

以下が、ChatGPTの画面です。

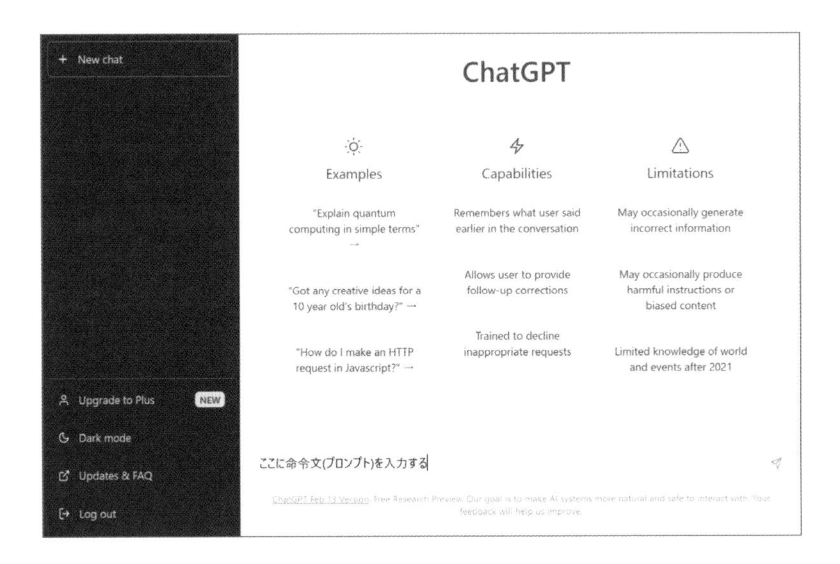

①画面の下部にある入力欄に、プロンプト（命令文）を入力します。
②入力したらキーボードの［Enter］キーを押すか、右側の紙飛行機のマークをクリックすると、ChatGPT にプロンプト（命令文）を送信できます。
③チャットの文章内で改行する場合は、［Shift］＋［Enter］キーを押してください。

さっそくプロンプト（命令文）を書いて ChatGPT に送ってみましょう。

プロンプト（命令文）の例：

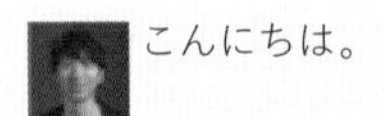

回答例：

こんにちは！お話しできてうれしいです。何かお手伝いできることはありますか？

以上のように、ChatGPT が回答を出力しました。

1つ前の回答を再生成する（Regenerate）・続けて命令文を送る

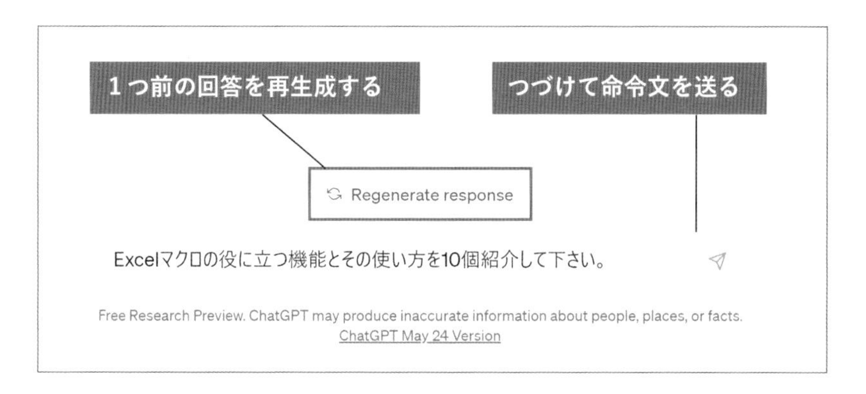

ChatGPT の回答は、生成するたびに異なる文章が出力されます。1つ前の ChatGPT の回答をもう一度生成したい場合は、「Regenarete response」ボタンをクリックします。

また、ChatGPT は、1つのチャット内で続けて会話することができます。ここでは以下のようにプロンプト（命令文）を送信しました。

プロンプト（命令文）の例：

Excel マクロの役に立つ機能とその使い方を 10 個紹介してください。

回答が長文で、途中で終わってしまったときに、続きを出力する（Continue generating）

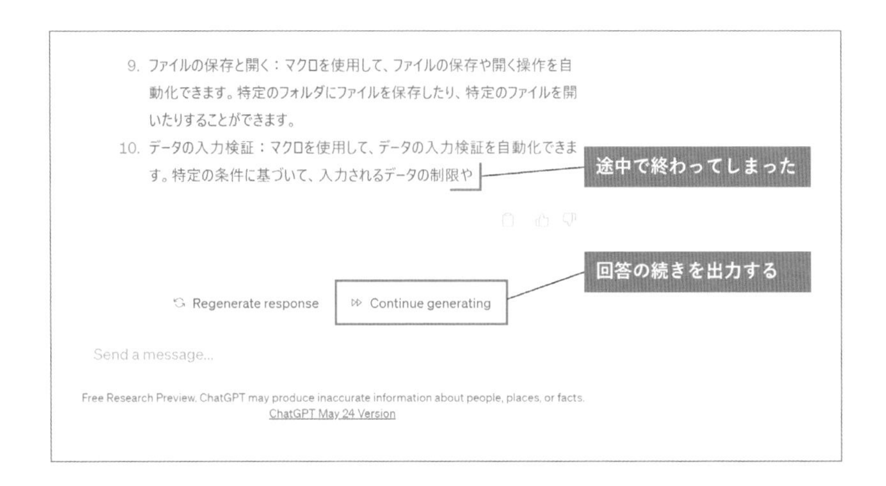

ChatGPTは、一度に生成できる回答の文字数に制限があります。そのため、回答が長文だと、途中で出力が終わってしまうことがあります。そのようなときには、「Continue generating」ボタンをクリックすると、回答の続きを出力できます。

補足 コード（VBA）も続きを出力できる

ChatGPT がマクロのコード (VBA) を出力する際にも、文字数制限のためにコードが途中で終わってしまうことがあります。そのようなときも「Continue generating」ボタンをクリックすることで、コードの続きを出力できます。

プロンプト(命令文)を後から編集してもう一度送信する

ChatGPT に送信したプロンプト（命令文）を、後から編集してもう一度送信することも可能です。図の編集ボタンをクリックすると、文章を編集できる状態になります。文章を編集した後、「Save & Submit」ボタンをクリックすることで、編集後の文章を送信できます。すると、ChatGPT は新しい回答を出力します。

チャットの履歴と新しいチャット

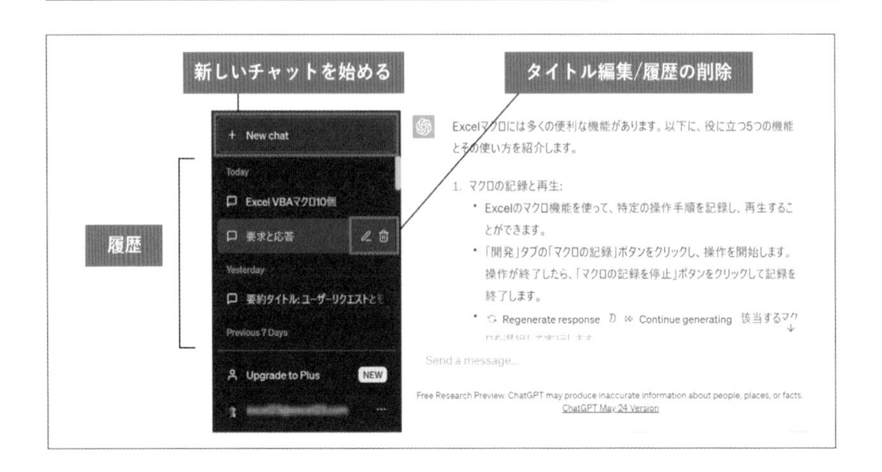

新しいチャットに切り替えたい場合は、左上の「+ New chat」ボタンをクリックします。ChatGPTとのチャット内容の履歴は保存され、左のサイドバーにタイトルが表示されます。タイトルの右のボタンをクリックすることで、タイトルを編集したり、履歴を削除できたりします。

補足 テーマが変わったら「+ New chat」で新しいチャットに切り替えよう

基本的に、ChatGPTとの会話でテーマが変わるときには、新しいチャットに切り替えましょう。ChatGPTはチャットでのやり取りを記憶し、その文脈に基づいて回答を生成しますが、この機能が逆効果になることがあるからです。例えば、あるExcelマクロ「A」について会話していたチャット内で、新たにまったく異なるExcelマクロ「B」について質問した場合、ChatGPTは以前の「A」に関する情報に引きずられ、異なるテーマが混ざった不正確な回答を生成してしまう可能性があります。そのため基本的に、ChatGPTとの会話でテーマが変わるときには、新しいチャットを開始しましょう。これにより、各テーマが明確に区切られ、より正確な回答を得られるのです。

1/5 個人情報や機密情報を取り扱う上での注意点

ユーザーが送信したデータは、ChatGPT のAIモデルの学習や改善に利用される可能性があります。特に、ビジネスで利用する場合には、個人情報や機密情報の入力を避け、データの利用を制限するように設定することが重要です。

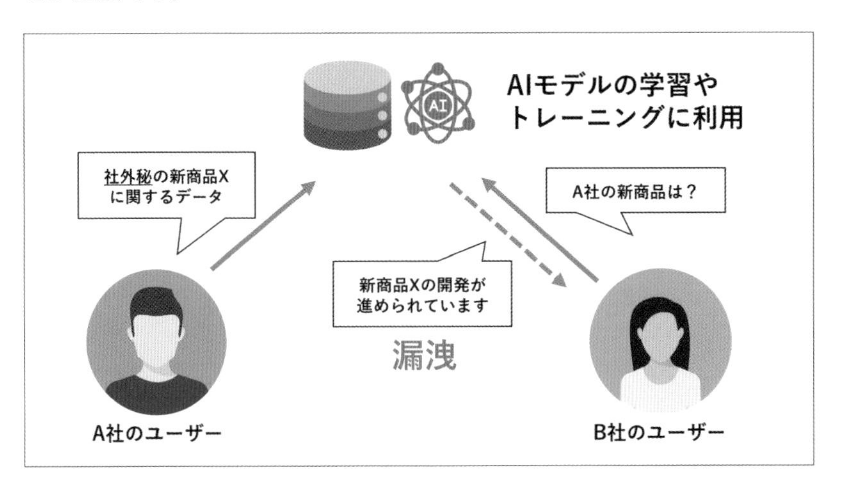

ビジネス利用の場合、個人情報や機密情報の入力を避ける

ユーザーが送信したデータは、ChatGPT の AI モデルの学習や改善に利用される可能性があるため、ビジネスで利用する際には、個人情報や機密情報の入力を避けましょう。

データ利用拒否の申請フォーム（オプトアウトのリクエスト）

OpenAI では、ユーザーが自身の入力データを AI モデルの学習や改善に利用しないようにリクエストすることが可能です。以下のフォームに必要事項を入力し、送信することでリクエストを申請できます。

https://bit.ly/3G0FVEN

User Content Opt Out Request

One of the most useful and promising features of AI models is that they can improve over time. We continuously improve the models that power our services, such as ChatGPT and DALL-E, via scientific and engineering breakthroughs as well as exposure to real world problems and data.

As part of this continuous improvement, when you use ChatGPT or DALL-E, we may use the data you provide us to improve our models. Not only does this help our models become more accurate and better at solving your specific problem, it also helps improve their general capabilities and safety.

We know that data privacy and security are critical for our customers. We take great care to use appropriate technical and process controls to secure your data. We remove any personally identifiable information from data we intend to use to improve model performance. We also only use a small sampling of data per customer for our efforts to improve model performance.

We understand that in some cases you may not want your data used to improve model performance. You can opt out of having your data used to improve our models by filling out this form. Please note that in some cases this will limit the ability of our models to better address your specific use case.

For details on our data policy, please see our Privacy Policy and Terms of use documents.

*Please ensure the email you provide is associated with your account, and that the **Organization ID** is of the format 'org-eXam3pleOr9giD' otherwise we will not be able to process your request.*

メールアドレス *

メールアドレス

Organization ID (found on Account Org Settings) *

回答を入力

Organization name (found on Account Org Settings)

回答を入力

回答のコピーが指定したアドレスにメールで送信されます。

送信　　フォームをクリア

フォームのURLの案内や操作方法の動画による解説を、本書のサポートページに掲載しています。下記を参照してください。

https://excel23.com/chat-vba#optout

チャット履歴の無効化+データをAIモデルの学習に利用しない設定

ChatGPTの設定を変更することで、チャット履歴が保存されないように設定し、同時にデータがAIモデルの学習に利用されないようにすることが可能です。

ただし、この設定を有効にすると、チャット履歴が保存されないため利便性を一部失う可能性があります。その際には、「データ利用拒否の申請フォーム」を利用するとよいでしょう。

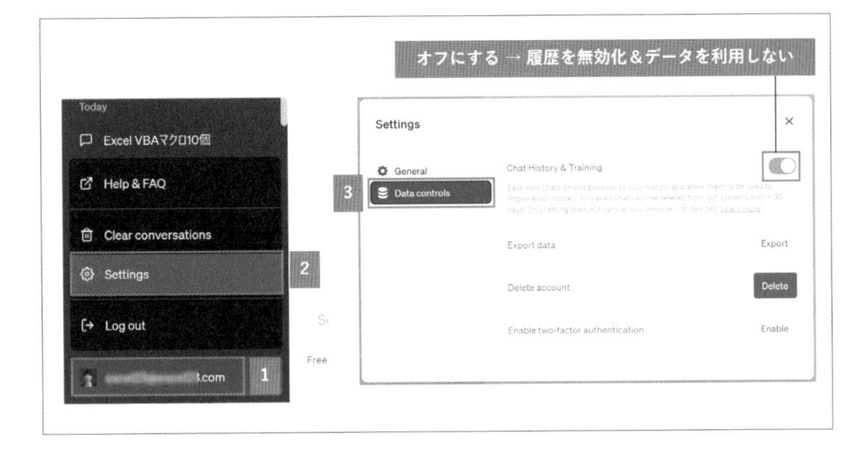

操作手順：
① ChatGPT の画面左下のボタン > ②「Settings」> ③「Data controls」内の「Chat History & Training」のスイッチをオフにすることで設定を有効にできます。

PART

2

Excelマクロ(VBA)を始めよう

教材ファイル

GPT命令文

補足動画

この章のサポートページで閲覧できます。
https://excel23.com/chat-vba#part2

アイ子：いよいよ、ChatGPTを利用してExcelマクロの学習を始めましょうか。マクロというのは、Excelの操作や処理を自動化する仕組みよ。そして、マクロを作るためのプログラミング言語が「VBA」なの。

新宮君：プログラミング言語って、難しそうですね……。

アイ子：大丈夫！　難しく感じるかもしれないけど、ChatGPTからサポートを受ければ、基本はすぐに身に付くわ。今回は、まずVBAを実行する準備をしてから、ChatGPTに簡単なVBAのコードを書かせて、それを実行してみましょう。

2/1 マクロとVBAとは？

マクロとは、Excelの操作や処理を自動化する仕組みです。マクロを作るためのプログラミング言語は「VBA」(Visual Basic for Applications)と呼ばれます。
そのため、Excelマクロを作るには、VBAの基本を学ぶ必要があります。
ChatGPTを活用すれば、VBAの学習をサポートしてくれるため、学習のハードルが下がるのです。

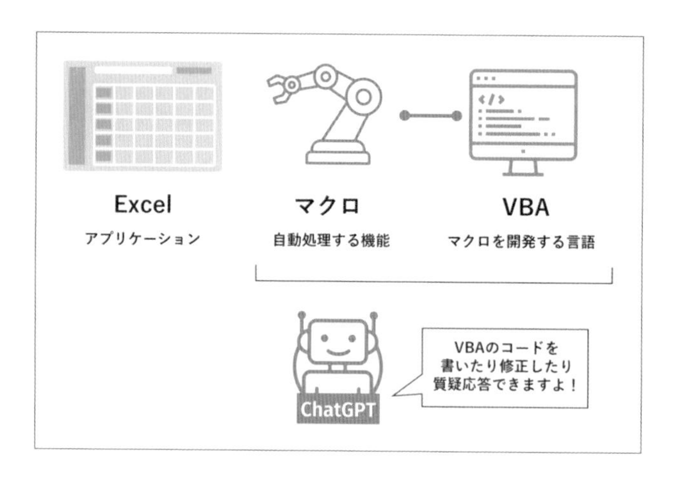

2/2 コードを書くための準備(開発タブとVBE)

ExcelでVBAコードを書くには、「VBE」と呼ばれるツールを使用します。VBEは、「Visual Basic Editor」の頭文字を取った略語です。以下のような画面ツールがVBEです。

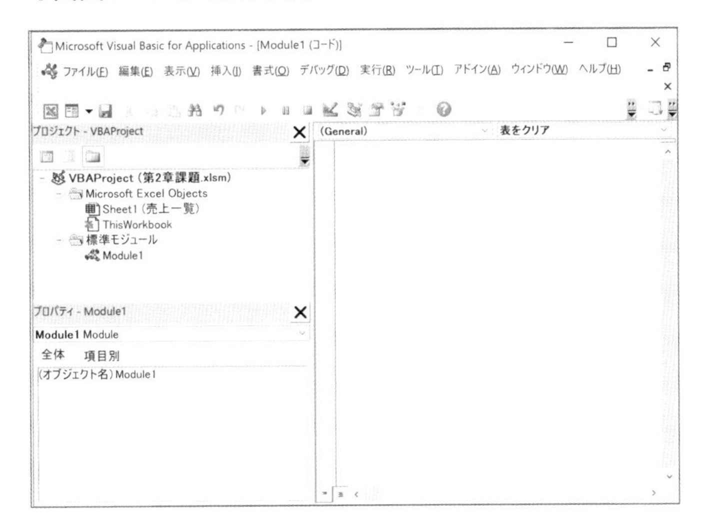

「開発」タブを表示させる

まず、Excelに「開発」タブが表示されているかを確認してください。「開発」タブは、マクロを作る上で便利なボタンが数多く搭載されているタブです。ただし、Excelのデフォルトの設定では「開発」タブは表示されていません。

「開発」タブを表示させるには、以下の操作をしてください。

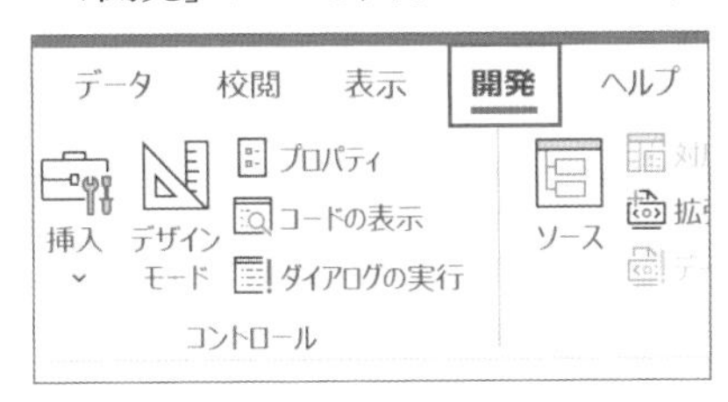

[手順]
・[ファイル] > [オプション] > [リボンのユーザー設定]
・右の枠の「開発」にチェックを入れて「OK」

VBEを起動しよう

開発タブの「Visual Basic」ボタンを押すことで、VBEを起動することができます。

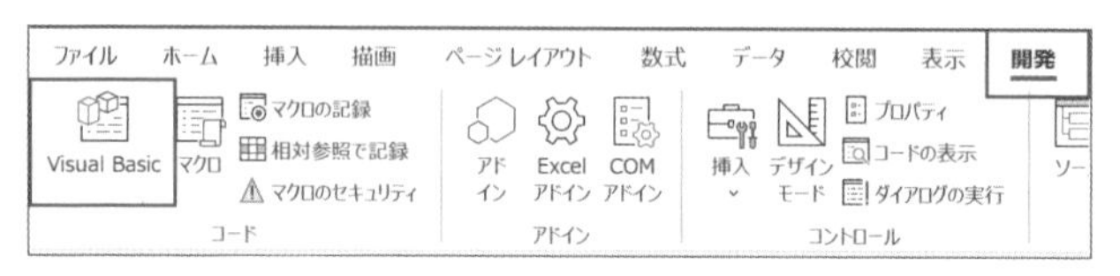

なお、ショートカットキー「Alt + F11」でも同様の操作ができます。VBEは何度も使用することになるので、ショートカットキーも暗記しておくとよいでしょう。

VBE(編集ツール)の画面が起動する

以下のような画面が起動します。これがVBEです。

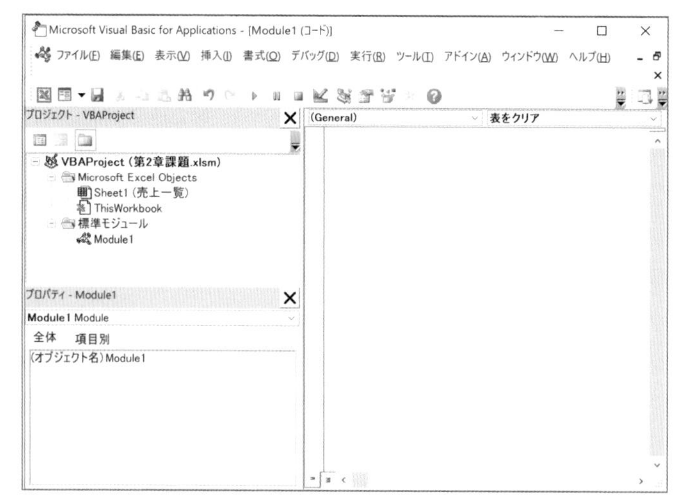

標準モジュールを作成する

VBEの左側にはプロジェクトエクスプローラーと呼ばれるサイドバーのような部分があります。この空欄で右クリックして「挿入」>「標準モジュール」をクリックしてください。

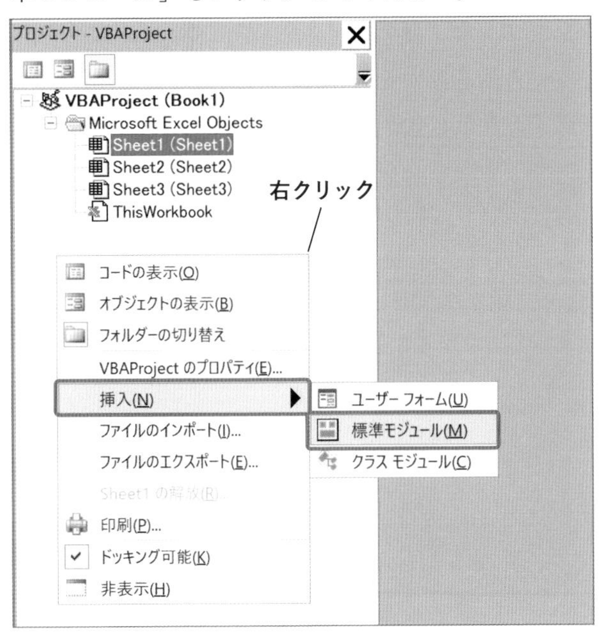

「Module1」を開く

すると「Module1」が挿入されます。それをダブルクリックするか、右クリックして「コードの表示」を選択してください。

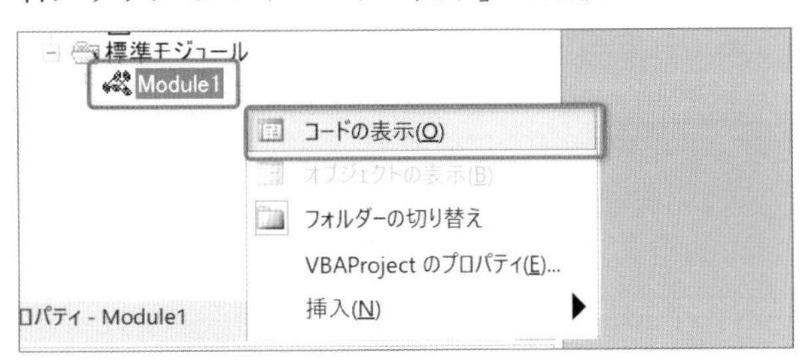

VBEの画面構成

以上の操作で、VBE が起動されて、VBA のコードを書くための準備が整いました。

VBE の画面構成は以下のようになっています。まずは、「プロジェクトエクスプローラー」と「コードウィンドウ」の2つを覚えておきましょう。

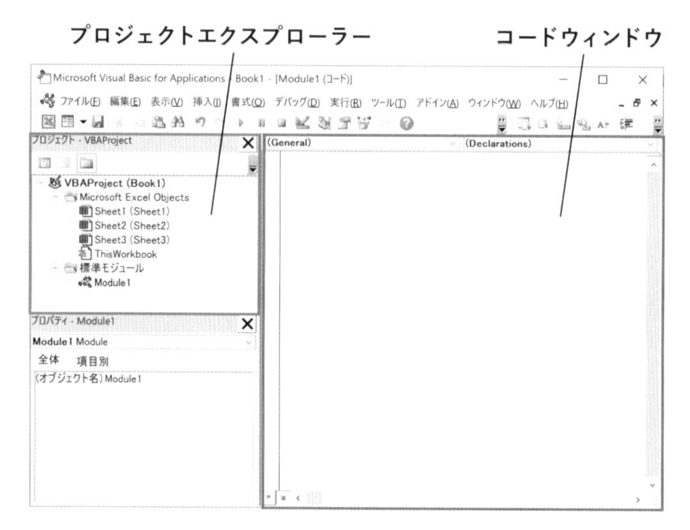

①プロジェクト エクスプローラー

作成するマクロ全体は「プロジェクト」と呼ばれますが、この画面にプロジェクトの構成要素が表示されます。学習の初期は、「標準モジュール」という場所にコードを記述することだけ、押さえておけばよいでしょう。

②コードウィンドウ

画面右側のコードウィンドウには、VBA のコードを記述します。

2/3 ChatGPTに簡単なコードを書かせてみよう

それでは早速、ChatGPTに簡単なVBAのコードを書かせてみましょう。ChatGPTにコードを書いてもらう際には、以下のように命令するとよいでしょう。

プロンプト（命令文）の例：

「VBA で、●●するコードを書いてください。」

「VBA で、●●するプロシージャを書いてください。」

試しに、ChatGPT に次のように命令してみましょう。

プロンプト（命令文）の例：

VBA で、「こんにちは」というメッセージを出力するプロシージャを書いてください。コメントも書いてください。

回答例：

VBAで、「こんにちは」というメッセージを出力するプロシージャを書いて下さい。
コメントも書いて下さい。

以下は、VBAで「こんにちは」というメッセージを出力するプロシージャの例です。プロシージャ内にはコメントも記述しています。

```vb
Sub say_hello()
    ' 「こんにちは」というメッセージを表示する
    MsgBox "こんにちは"
End Sub
```

このプロシージャを実行すると、メッセージボックスに「こんにちは」というメッセージが表示されます。コメントは、コードの意図をより明確に説明するために使用されます。

このように、ChatGPTがVBAのコードを出力しました。

なお、ChatGPTの回答は、いつもまったく同じ回答が出力されるわけではありません。上記のコード例とは違うコードが出力されても問題ないと考えてください。

コードの簡単な読み方

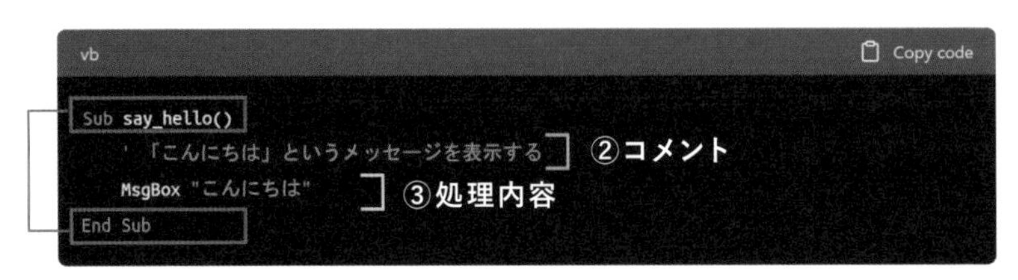

①マクロの始まり～終わり

①マクロの始まり～終わり

VBAでは、「Sub ～ End Sub」が、マクロの始め～終わり」を意味する定型句になっています。

「Sub」の後ろにある「say_hello」は、プロシージャ名と呼ばれ、そのマクロのタイトルのようなものです（プロシージャ名については、詳しくはPART3の3-1で解説します）。

②コメント

行の先頭に「'」（シングルクォーテーション）のある行は、「コメント」として扱われます。コメントとは、注釈やメモ書きのような文章です。コメントは、マクロが実行する命令文ではありません。

③処理内容

「MsgBox " こんにちは "」というコードは、マクロの処理内容です。MsgBoxは、メッセージボックス内に「こんにちは」と出力することを意味します。

コードをVBEに貼り付けて実行してみよう

ChatGPTの生成したコードを、以下の手順で実行してみましょう。

1. ChatGPTの回答に掲載されているVBAのコードを全文コピーして、VBEのコードウィンドウに貼り付けます。

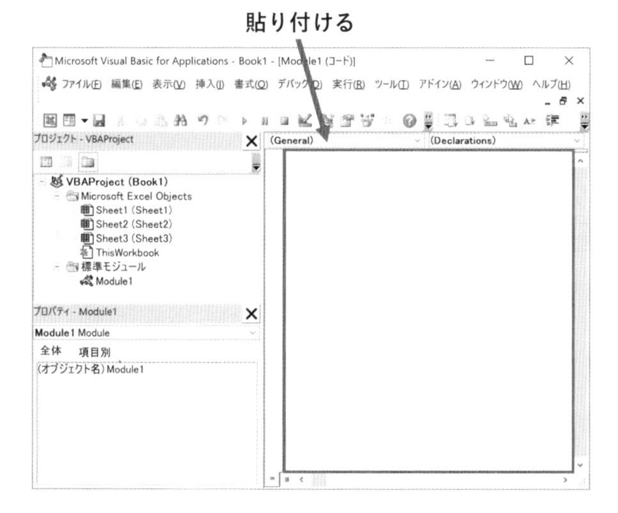

2. 実行ボタンをクリックします。

以降、マクロを実行するときには、この実行ボタンを押しましょう。キーボードの［F5キー］でも実行できます。

すると、下図のようなメッセージボックスが表示されます。

以上で、ChatGPTに書かせたコードを実行できました。

2/4 ChatGPTが出力したコードを実行するときの注意点

ChatGPTが出力したコードを実行するときには、以下の点に注意してください。

1. そのまま実行するとエラーになる場合がある

例えば、「セルA1を処理したいのに、ChatGPTの書いたコードを実行すると、セルB1が処理されてしまった…」といったことが起こるかもしれません。

原因としては、手元のExcelシートの構成や状態をChatGPTにうまく伝えられなかったことが考えられます。

このように、VBAの知識がないままにコードを実行すると、意図しない結果が発生する可能性があるのです。そのため、本書を通じてVBAの基礎知識を身に付けながら、コードを読んでから実行することをお勧めします。

2. 大切なExcelファイルを変更しないように注意する

マクロの実行後に、「元に戻す（Ctrl+Z）」でExcelファイルを元の状態に戻すことはできません。不用意にマクロを実行すると、業務上で重要なExcelファイルを変更してしまう可能性があるのです。

マクロを実行する前に、Excelファイルを別名で保存したり、コピーを作成したりしておくなど、バックアップしておくとよいでしょう。

PART

3

VBAの基本を学ぼう

教材ファイル

GPT命令文

補足動画

この章のサポートページで閲覧できます。
https://excel23.com/chat-vba#part3

アイ子：では、VBAの基本を学んでいくわよ。まずはコードの書き方や文法の初歩を学びましょう。

新宮君：お願いします！　で、どのようなことを学ぶのですか？

アイ子：まずは、「Subプロシージャ」を学びましょう。Subプロシージャは、VBAで実行する命令のひとかたまりよ。次に、セルを操作するための「プロパティ」や「メソッド」について学習してくわ。

新宮君：うう……。カタカナ用語が増えてきましたね。大丈夫かな？

アイ子：用語に慣れるまで大変だけど、ChatGPTが学習を手助けしてくれるからね。それに、VBAは一度覚えてしまえば日々の業務でずっと活用できるわ。一緒に基礎を学んでいきましょう！

3/1 Subプロシージャ（命令のひとかたまり）

VBAにおいて、命令のひとかたまりは「プロシージャ」と呼ばれます。PART2の2-3においてでChatGPTに出力させたコードを見てみましょう。

コードの例 3-1：

```
Sub say_hello()
    MsgBox " こんにちは "
End Sub
```

実行結果：

この例では、「Sub」と「End Sub」に挟まれた箇所にVBAの命令が記述されています。そして、この全範囲がプロシージャなのです。

特に、「Sub」で始まるプロシージャは「Subプロシージャ」と呼ばれます。また「say_hello」という単語はこのプロシージャに付けられた名前であり、「プロシージャ名」とも呼ばれます。プロシージャ名は自由に設定でき、日本語でも英語でも問題ありません。

コード内の「MsgBox " こんにちは "」という箇所は、" こんにちは " という文字列が表示されたメッセージボックスを出力させる命令になっています。

- プロシージャ：命令のひとかたまりを指す
- Sub プロシージャ：「Sub」と「End Sub」で囲まれたプロシージャ
- プロシージャ名：プロシージャに付けられた名前で、「Sub」と「()」の間に記述される。プロシージャ名は自由に決められる

Sub～End Sub間はインデント（字下げ）しよう

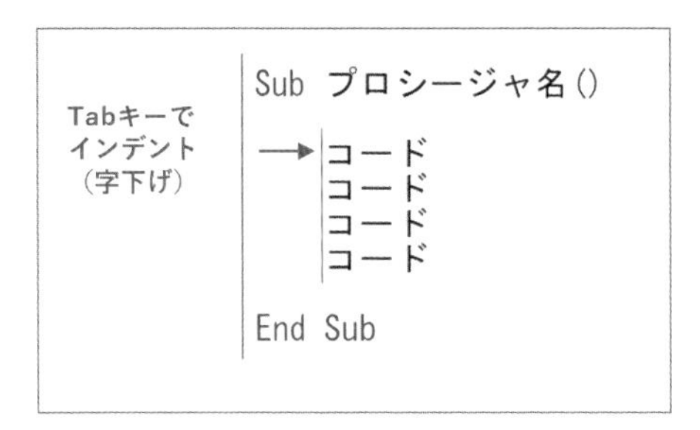

コードの例 3-1 では、Sub ～ End Sub 間のコードにインデント（字下げ）が入れられています。これは、コードの見た目を整えて、視覚的に理解しやすくするためであり、Sub ～ End Sub 間のコードにはインデントが推奨されています。コードにインデントを入れる場合、通常、キーボードの Tab キーを押します。

プロシージャ名を決める際のルール

プロシージャ名は、日本語や英語で自由に名前を決られますが、以下のルールに注意してください。

- 記号はアンダースコア（_）のみ使用できる
- 名前の先頭に数字やアンダースコアは使えない
- VBA の文法で使用するキーワード（Sub、End、Dim、For など）そのものをプロシージャ名にすることはできない（このようなキーワードは予約語と呼ばれる）

プロシージャ名は「わかりやすければ日本語でも英語でもどちらでも良い」のですが、重要なのは一定のルールに従って名前を付けることです。名前の付け方がバラバラだと、後々混乱を招きます。プロシージャ名の付け方に関するルールが職場にあれば、それに従いましょう。

ChatGPTに提案してもらおう：プロシージャ名は何がいいか

ただ実際にVBAのコードを書いていると、どのようなプロシージャ名を付ければいいかについてよく迷います。そのようなときには、ChatGPTに名前を提案してもらうことも可能です。

ChatGPTに、以下のように聞いてみましょう。

プロンプト（命令文）の例：

VBAで次のコードを書いています。

プロシージャ名は何が良いか、複数提案してください。

MsgBox "こんにちは"

回答例：

VBAで次のコードを書いています。
プロシージャ名は何が良いか提案して下さい。

MsgBox "こんにちは"

このコードは、単純なメッセージボックスを表示するものであるため、以下のようなプロシージャ名が適しているかと思います。

- say_hello
- show_greeting
- display_message
- greet_user

これらのプロシージャ名の中から、好みのものを選んでください。

上記のように、ChatGPTは、こちらが入力したコードの内容から、どのようなプロシージャ名が適しているかを提案してくれます。

日本語のプロシージャ名を希望する場合は、続けて「日本語の名前も提案してください」などと質問するとよいでしょう。

3/2 セルを指定する（Range と Cells）

Excelのセルを操作するには、まずセルを指定する方法を学ぶ必要があります。VBAでは、主に「Range」と「Cells」を使ってセルやセル範囲を指定できます。それぞれの指定方法を詳しく見ていきましょう。

Range（引数）で指定する

Range（引数）というコードを使用すると、セルの場所を直接指定することができます。これは、直感的でわかりやすい方法です。

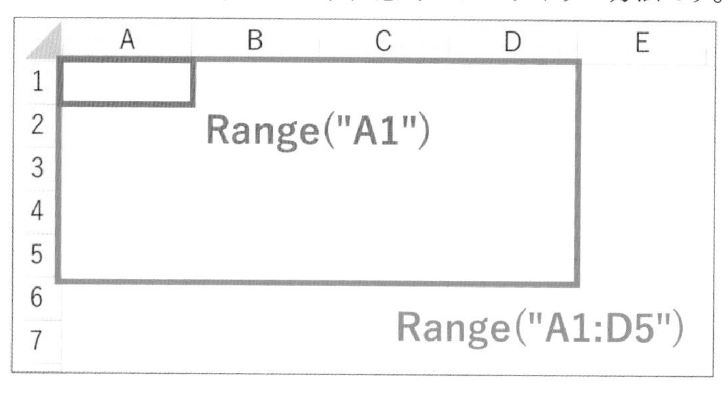

コードの例：

```
Range("A1").Select       'セル A1 を選択する
Range("A1:D5").Select    'セル範囲 A1:D5 を選択する
```

「.Select」とは、指定したセルを選択するコードです（Excel シート上で、そのセルをクリックした直後と同じ状態にします）。上記のように、Range（）のカッコ内に、"A1" や "A1:D5" などと記述することで、セルやセル範囲を指定できます。"A1:D5" という記述は、始点のセル A1 ～終点のセル D5 までの範囲を指定しています。

書式：

```
Range(引数)
```

- 引数とは、() の中に記述する付加情報である
- 引数は、"A1" や "A1:D5" のようにセルの場所を記述する
- 引数は、ダブルクォーテーション (") で囲んで文字列として入力する必要がある

Cells (行, 列) で指定する

セルの指定には、Range のほかにもう1つ方法があります。それが「Cells」を使った方法で、以下のようにセルを指定します。

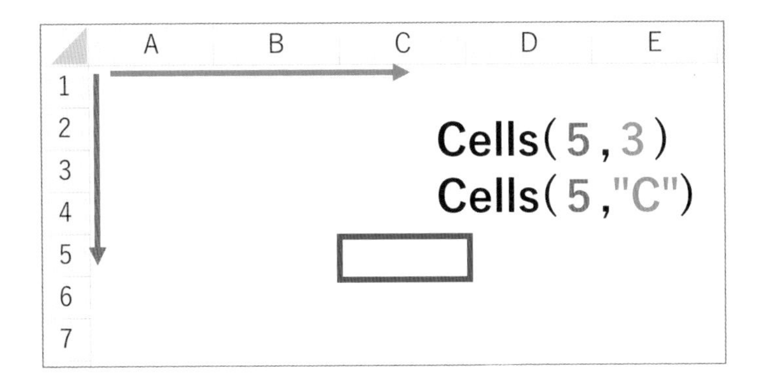

コードの例：

```
Cells(5, 3).Select      '5行3列(つまりセルC5)を選択
Cells(5, "C").Select    '5行C列(つまりセルC5)を選択
```

Cells (行, 列) というコードを使用すると、セルを行番号と列番号で指定できます。「Cells (5, 3)」によって、シートの先頭から5行3列のセルを指定できるのです。また、「Cells (5, "C")」のように、列を列名で指定することも可能です。その場合は、列名を "C" のように ""(ダブルクォーテーション)で囲って文字列として記述する必要があります。

書式：

```
Cells(行, 列)
```

- 引数には、「行」と「列」を数値で入力する
- 数値は、シートの左上端を始点にして、何行目／何列目かを指定する
- 基本的に、単一のセルを指定するために使用する

3/3 セルの値（Valueプロパティ）

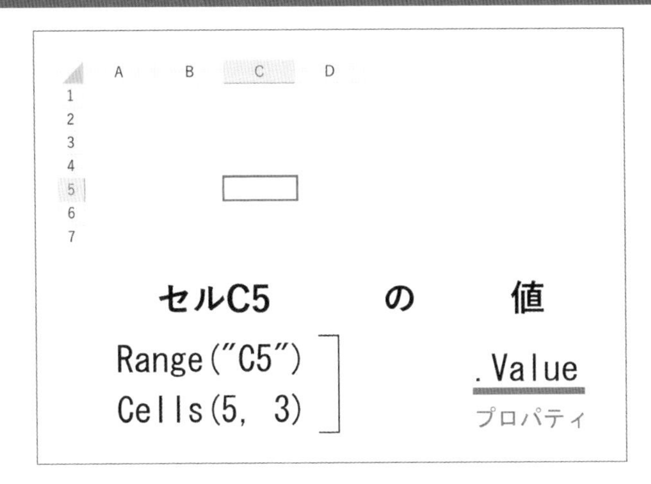

セルの値を操作するには、「Valueプロパティ」というコードを使用します。Valueプロパティを使用するための基本的なVBAの書式は以下のようになります。

書式：

```
Range( 引数 ).Value
Cells( 行 , 列 ).Value
```

このように、RangeやCellsでセル範囲を指定した後、続けて「.Value」と入力するのです。

セルの値を操作するための具体的なValueの使い方

セルの値を操作するためにValueを使ったコードの具体例を、以下に3つ紹介します。

コードの例：

```
Range("C5").Value = 100            '例 1
Range("C5").Value = "挨拶"          '例 2
Range("D5").Value = Range("C5").Value    '例 3
```

例 1: セル C5 に 100 を代入

このコードでは、セル C5 に数値の「100」を代入しています。

ここでの等号（=）は、数学のように「等しい」という意味ではありません。左辺←右辺の方向に、値を代入するという意味になります。感覚的には、「=」ではなく「←」という記号の代わりだと理解するとよいでしょう。

例 2: セル C5 に "挨拶" を代入

このコードでは、セル C5 に "挨拶" という文字列を代入しています。文字列を代入する場合は、""（ダブルクォーテーション）で囲んで指定します。例 1 と同じく「=」は、左辺←右辺の方向に値を代入するという意味です。

例 3: セル C5 の値をセル D5 に転記

このコードでは、セル D5 に、セル C5 の値を転記しています。左辺と右辺の間の「=」を、「←」に置き換えて考えると感覚的に理解しやすくなるでしょう。

補足 「プロパティ」という用語を知っておこう

オブジェクト	プロパティ
操作する対象 セルやシートなど	**持ってる値や状態** **(例)セルのプロパティ** • Value (値) • Row (行番号) • Column (列番号) • Font.Bold (フォント太字) • Font.Color (フォント色)

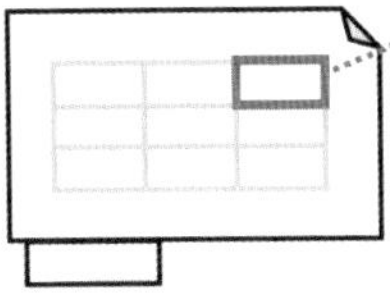

3-3で「Valueプロパティ」という言葉を使いましたが、初めて聞いた読者のために、この用語を簡単に説明しておきましょう。

まず、VBAで操作する対象は「オブジェクト」と呼ばれます（例えば、「セル」や「シート」もオブジェクトの一種です）。オブジェクトには、それぞれの持つ値や状態を表す情報が含まれています。この情報が「プロパティ」なのです。例えば、セルのプロパティはセルに入力された値などであり、それは「Valueプロパティ」と呼ばれます。

今後VBAを学ぶ中で、様々なプロパティに出会うことになるでしょう。また、ChatGPTとの会話でも、プロパティという用語がよく使われるので、覚えておいてください。

ChatGPTに出力してもらおう：セルのプロパティの代表例

セルのプロパティは、Valueプロパティ以外にも様々なプロパティがあります。ChatGPTに、プロパティの代表例を聞いてみましょう。

プロンプト（命令文）の例：

VBA で、「セルのプロパティ」の代表例と、その短い説明をそれぞれ 10 個紹介してください

回答は表にまとめてください。

回答例：

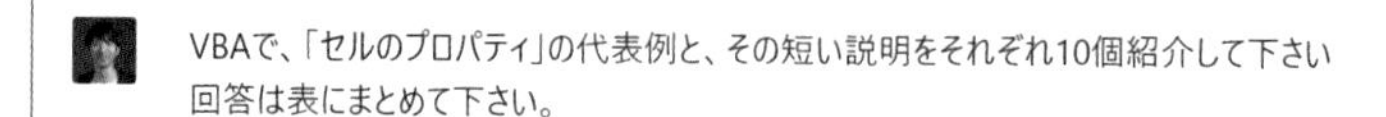
VBAで、「セルのプロパティ」の代表例と、その短い説明をそれぞれ10個紹介して下さい
回答は表にまとめて下さい。

以下に、VBAで使用される代表的なセルのプロパティとその説明を表にまとめました。

プロパティ名	説明
Value	セルの値を取得または設定します。
Formula	セルの数式を取得または設定します。
Address	セルのアドレスを取得します。
Row	セルの行番号を取得します。
Column	セルの列番号を取得します。
Interior.Color	セルの背景色を取得または設定します。
Font.Bold	セルのフォントを太字に設定します。
NumberFormat	セルの数値の書式を取得または設定します。
HorizontalAlignment	セルの水平方向の配置を取得または設定します。
VerticalAlignment	セルの垂直方向の配置を取得または設定します。

これらのプロパティは、VBAでセルの操作をする上で頻繁に使用されるものであり、各プロパティには独自の設定方法があります。

現時点でプロパティをすべて暗記する必要はありません。必要に応じて徐々に覚えていきましょう。

3/4 セルの動作（Clearメソッド、Copyメソッド）

次に、セルに何らかの動作を実行させる方法について解説します。
具体例として、セルをクリアする「Clearメソッド」、セルをコピーする「Copyメソッド」を紹介しましょう。

セルをクリアする（Clearメソッド）

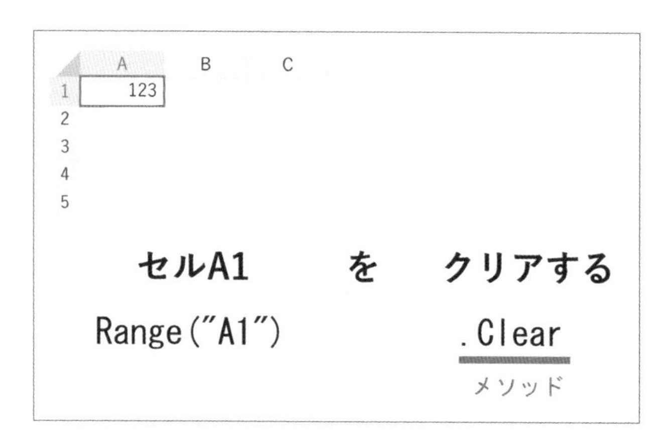

Clearメソッドは、「セルをクリア（削除）する」ために使います。「セルをクリアする」とは、セルの値や書式（色や罫線や表示形式など）をすべて削除するという意味です。

Clearメソッドを使用するための基本的な書式は以下のようになります。

書式：

```
セル.Clear
```

コードの例：

```
Range("A1").Clear
```

このように、セルをRangeやCellsで指定した後、続けて「.Clear」と入力します。コードの例では、セルA1の内容をクリアしています。

補足 セルの値だけをクリアする（ClearContentsメソッド）

Clearメソッドと類似した動作を実行させるものに「ClearContentsメソッド」があります。セルの値だけをクリアするClearContentsメソッドを使うと、セルの書式（色や罫線や表示形式など）は削除されずに元のまま残ります。実務では、ClearContentsの方がよく使う傾向があるので覚えておきましょう。VBAの書式は、Clearメソッドとほぼ同様で、「セル.ClearContents」です。

セルをコピーする（Copyメソッド）

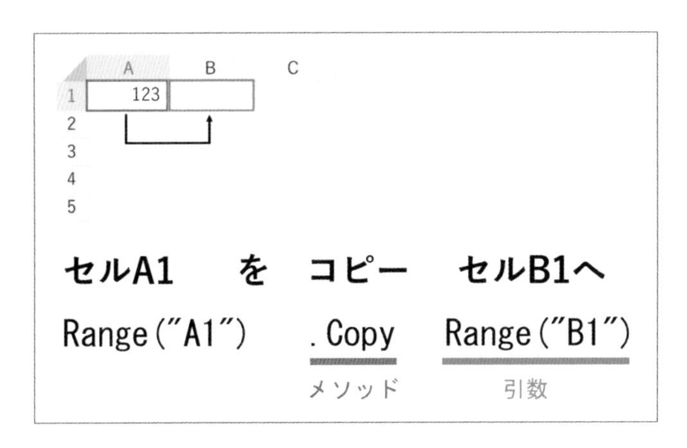

Copyメソッドは、セルを別の場所にコピーするために使います。Copyメソッドを使用するための基本的な書式は以下のようになります。

書式：

```
セル.Copy Destination:= コピー先のセル
セル.Copy コピー先のセル              '引数名を省略する場合
```

コードの例：

```
Range("A1").Copy Destination:=Range("B1")
Range("A1").Copy Range("B1")    '引数名を省略する場合
```

Copyメソッドは、「.Copy」と記述した後、コピー先のセルを指定する必要があります。このとき、「Destination:=」に続けてコピー先のセルを記述するのです。「Destination:=」のような記述は「引数名」と呼ばれ、命令の詳細情報（引数）を与えることができます。また、引数名を省略して、そのまま引数（コピー先のセル）を記述することも可能です。

コードの例では、セルA1をセルB1にコピーしています。

補足 「メソッド」という用語を知っておこう

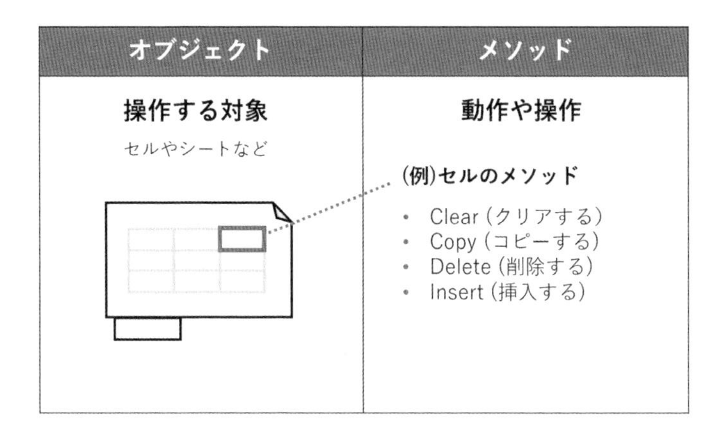

オブジェクト
メソッド
操作する対象
セルやシートなど
動作や操作
(例)セルのメソッド
• Clear（クリアする）
• Copy（コピーする）
• Delete（削除する）
• Insert（挿入する）

3-4では、「Clearメソッド」や「Copyメソッド」など、メソッドという概念が登場しました。ここでは、「メソッド」について簡単に説明しましょう。

3-3で紹介した通り、VBAで操作する対象が「オブジェクト」であり、それぞれのオブジェクトに含まれる値や状態といった情報が「プロパティ」です。そして、オブジェクトには、実行できる動作や操作を表す要素が存在します。これが「メソッド」です。

「Clearメソッド」や「Copyメソッド」は、セル（オブジェクトの一種）が実行できる動作の例です。Clearメソッドはセルの内容をクリアし、Copyメソッドはセルの内容をコピーする操作を実行します。

VBAの学習を進める上では、「オブジェクト」「プロパティ」「メソッド」という用語には頻繁に出会うことになるので、覚えておきましょう。

ChatGPTに出力してもらおう：セルのメソッドの代表例

セルには、Clearメソッドや Copyメソッド以外にも様々なメソッドがあります。ChatGPTに、メソッドの代表例を聞いてみましょう。

プロンプト（命令文）の例：

VBAで、「セルのメソッド」の代表例と、その短い説明をそれぞれ10個紹介してください。

回答は表にまとめてください。

回答例：

VBAで、「セルのメソッド」の代表例と、その短い説明をそれぞれ10個紹介して下さい
回答は表にまとめて下さい。

以下に、VBAで使用される代表的なセルのメソッドとその説明を表にまとめました。

メソッド名	説明
Clear	セルの内容をクリアします。
Copy	セルの値、書式、数式などをコピーします。
Paste	コピーされたデータを指定したセルに貼り付けます。
Delete	セルまたは範囲を削除します。
Insert	セルまたは範囲に新しい行または列を挿入します。
AutoFit	セルの幅を自動調整します。
Merge	セルを結合して1つのセルにします。
UnMerge	結合されたセルを解除します。
Sort	セルをソートします。
SpecialCells	特定の種類のセル（空白、数値、エラーなど）を選択します。

これらのメソッドは、VBAでセルの操作をする上で頻繁に使用されるものであり、各メソッドには独自の引数があります。

現時点でプロパティをすべて暗記する必要はありません。必要に応じて徐々に覚えていきましょう。

3/5 ブックを保存しよう（マクロ有効ブック）

マクロを保存するにはExcelブックを「マクロ有効ブック」として保存する必要があります。ブックに名前を付けて保存する際、「ファイルの種類」として「マクロ有効ブック」を選びましょう。

1. 名前をつけて保存ダイアログを開く

「ファイル」

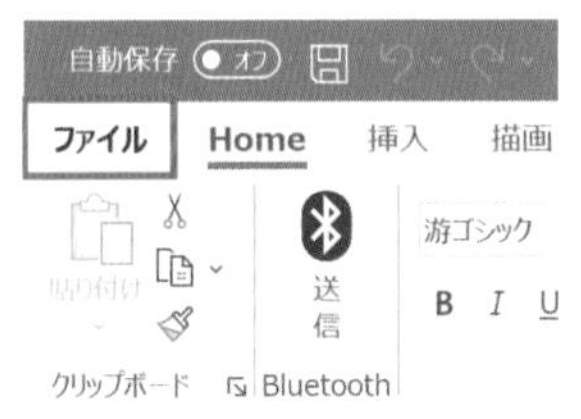

「名前を付けて保存」

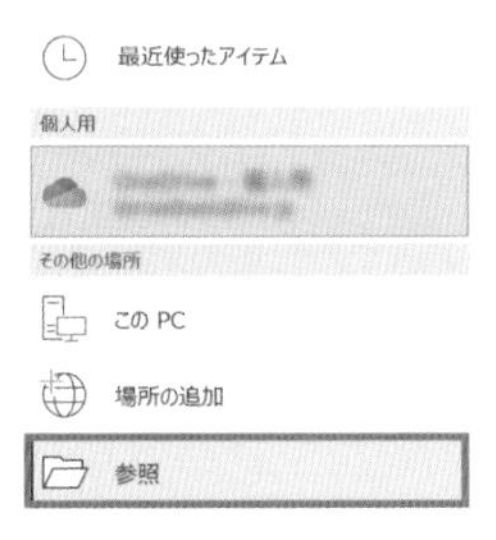

「ファイル」タブの「名前を付けて保存」をクリックして「参照」をクリックします。

2. マクロ有効ブックとして保存する

保存先のフォルダを選択し、ファイル名を入力します（ファイル名は例えば「PART3」など、任意で構いません）。また、「ファイルの種類」を「マクロ有効ブック（*.xlsm）」に変更します。

「ファイルの種類」「マクロ有効ブック（*.xlsm）」

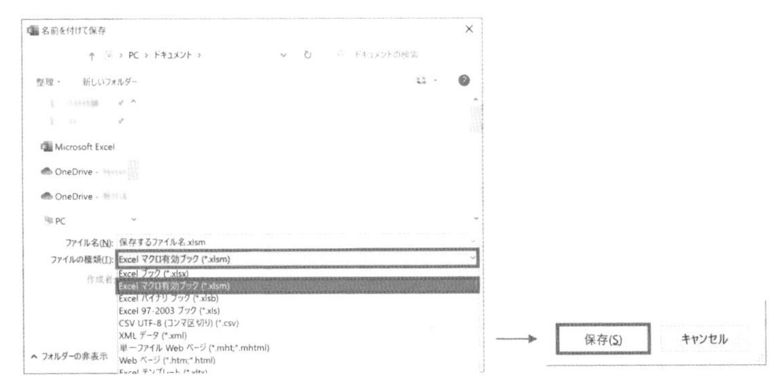

以上で、ブックが「マクロ有効ブック」として保存されました。マクロ有効ブックとして保存されると、ファイル名に「.xlsm」という拡張子が付きます。

拡張子とは、ファイルの種類を表す文字列です。通常のExcelブックの拡張子は「.xlsx」ですが、マクロ有効ブックでは「.xlsm」になります。

ファイルの種類	拡張子
通常のExcelブック	.xlsx
マクロ有効ブック	.xlsm

PART

4

VBAの基礎から ステップアップしよう

教材ファイル

GPT命令文

補足動画

この章のサポートページで閲覧できます。
https://excel23.com/chat-vba#part4

アイ子：今度は、もう少しステップアップしましょう。「変数」「繰り返し」「条件分岐」「VBA関数」、そして「シートやブックの操作」について学習するわよ！

新宮君：本格的な学習の開始ですね。ドキドキ……。具体的にどのようなものですか？

アイ子：まず、「変数」「繰り返し」「条件分岐」は、マクロによる柔軟な動作や効率的な処理を可能にする仕組みよ。一方、「VBA関数」は、VBAに用意されている関数。色々な計算や処理に活用できるの。そして、「シートやブックの操作」はご想像の通り、Excel上のシートやブックの操作よ。Excelでは必要不可欠な操作ね！

新宮君：なるほど。いよいよ覚えることが多くなってきましたね。あ～頭が痛い！

アイ子：大丈夫。ChatGPTをフル活用して効率的に学習しましょう！

4/1 変数を使ってみよう

変数とは、値を一時的に保存しておくための箱のような仕組みです。変数を使うことで、効率的な処理を行うコードを書けるようになります。

変数を使用したコードの例

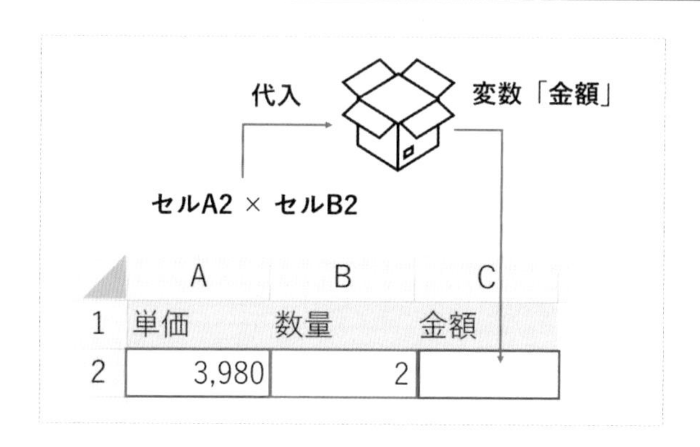

	A	B	C
1	単価	数量	金額
2	3,980	2	

以下のコードは、変数を使用したコードの例です。

コードの例：

```
Sub サンプルコード4_1()
    Dim 金額 As Long
    金額 = Range("A2").Value * Range("B2").Value
    Range("C2").Value = 金額
End Sub
```

このコードでは、[単価] × [数量] の計算結果を一時的に変数に代入し、その変数の値を [金額] に代入しています。

変数の使い方

変数を使うには、次の手順を踏みます。

1. 変数を宣言する（作る）
2. 変数に値を代入する（入れる）
3. 変数の値を利用する（使う）

1.変数を宣言する（作る）

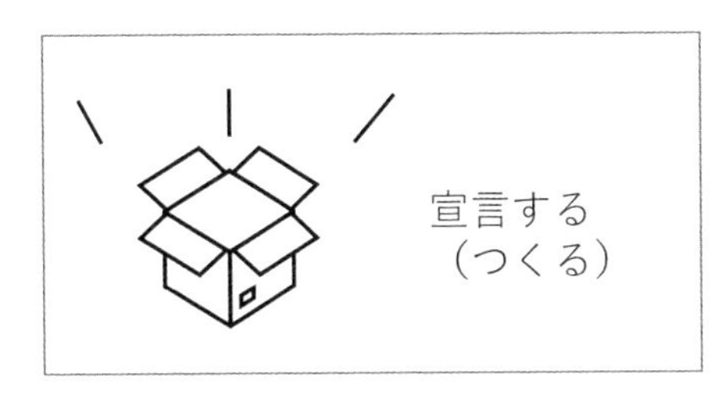

「変数を宣言する」とは、変数を作るということです。変数を宣言するには、以下の書式を使用します。

書式：

```
Dim 変数名 As 型
```

- 「Dim」と「As」はVBAの文法用語
- 「変数名」には、変数につける名前を入力する
- 「型」には、ある変数に代入するデータの種類を指定する

例えば、先程のサンプルコード4_1では、以下のようなコードで変数を宣言しています。

```
Dim 金額 As Long
```

この場合、変数名には「金額」、型には「Long」という型を指定しています。

型については、次に詳しく説明します。

変数には「型」がある

変数には、様々な種類や大きさのデータを入れられます。こうしたデータの種類や大きさは、「型」と呼ばれます。変数の宣言では、扱うデータに応じて適切な型を選ぶことが重要なのです。

ここでは、実務でよく使われる6つの型を紹介しましょう。

型の種類	VBA での表記	代入できるデータ
整数型	Integer	整数（-32,768 ～ 32,767の範囲内）
長整数型	Long	整数（-2,147,483,648 ～ 2,147,483,647の範囲内）
小数点型	Double	小数
日付	Date	日付と時刻
文字列型	String	文字列
バリアント型	Variant	すべてのデータ

上の表で紹介したのは利用頻度が高い型であり、すべての型を紹介しているわけではありません。全部で10種類以上の型がありますが、初心者であればすべて覚える必要はないでしょう。最初は、「整数はLong、文字列はString」というルールを覚えておいてもよいでしょう。

補足 Integer と Long の違い

整数型のIntegerと長整数型のLongの違いは何でしょう。これらは、「整数を代入できる」という役割は同一ですが、代入できる整数の範囲に違いがあり、「Long」の方が、より広範囲の整数を代入できます。

多くの現場では主に「Long」が使われますが、ChatGPTが生成するコードでは、よく「Integer」が使われます。そのため、本書ではIntegerも紹介しましたが、Integerは、-32,768 ～ 32,767の範囲内の整数しか代入できません。その範囲を超える数値を代入する可能性がある場合は、ChatGPT が生成するコードの Integer を Long に変更することをお勧めします。

ChatGPTに、適切な変数の型を提案してもらおう

VBA のコードを書いている際、変数の型の選択に迷うことがあります。そのようなときには、ChatGPT に質問することで、適切な型を提案してもらいましょう。

プロンプト（命令文）の例：

VBA で、以下のような値を変数に代入したいと思っています。どの型を選択するのが適切ですか？また、その理由も説明して下さい。

値：6998000

回答例：

VBAでは、整数値を表現するためにいくつかの型がありますが、代入しようとしている値がどの範囲にあるかによって、適切な型を選択する必要があります。

例えば、あなたが代入しようとしている値6998000は、Long型に収まります。Long型は、-2,147,483,648 から 2,147,483,647 までの整数値を表現できます。よって、Long型を選択するのが適切です。

以下は、Long型の変数に値を代入する例です。

```
Dim myValue As Long
myValue = 6998000
```

ただし、もし代入しようとしている値がLong型の範囲を超える場合は、別の型を選択する必要があります。例えば、超大きな値を扱いたい場合は、Decimal型を使用することができます。また、小数点以下の桁数が必要な場合は、Double型やSingle型を使用することができます。それぞれの型の範囲と精度を考慮して、適切な型を選択するようにしてください。

上記のように、ChatGPTは「Long型」を提案しました。また、Long型には代入できる整数の範囲があり、その範囲を超える場合にはDecimal型を使用することを提案しています。

2.変数に値を代入する（入れる）

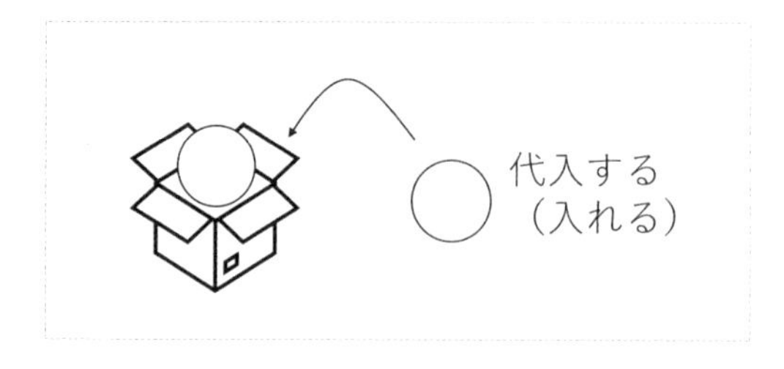

変数に値を代入するには、以下のように記述します。

書式：

```
変数名 = 値
```

「=」は、「代入する」という意味で、右辺の値を左辺の変数に入れることを表します。なお、変数の型によって、代入できる値の種類は異なります。例えばLong型なら整数、String型なら文字列を代入できます。変数の型とは違う種類のデータを代入しようとすると、エラーの原因になるのです。

例えば、先程のサンプルコード4_1では、以下のように値を代入しました。

書式：

```
金額 = Range("A2").Value * Range("B2").Value
```

この例では、右辺でセルA2とセルB2の値をかけ算し、その結果を左辺の変数「金額」に代入しています。かけ算の結果は「7960」だったので、変数「金額」には「7960」が代入されるのです。

3.変数の値を利用する（使う）

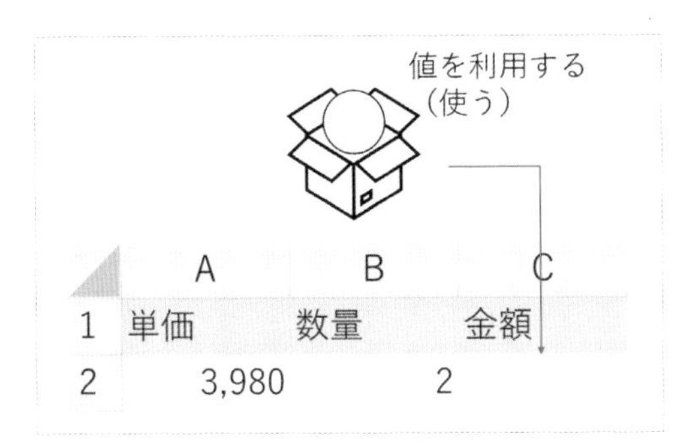

変数の値を利用するには、コード内にその変数名を記述します。これにより、変数に格納されている値を使用することができます。

例えば、以下のコードでは変数「金額」の値を利用しています。

```
Range("C2").Value = 金額
```

このコードでは、セルC2に変数「金額」値を代入しています。「金額」には7960という数値が格納されているため、セルC2の値にも7980が代入されます。

変数の名前の決め方

変数の名前（変数名）を決める際には、以下のルールに従う必要があります。

- 英数字、漢字、ひらがな、カタカナが使用可能。ただし、記号はアンダースコア（_）のみ使用でき、空白は使えない
- 変数名の先頭には、数字やアンダースコア（_）は使えない
- VBAの文法用語（例：Sub, Dim）を変数名にすることはできない
- 変数名の長さは半角で255文字まで

変数名は、その意味や利用目的がわかりやすい単語を使用することが一般的です。以下によく使用される変数名の例を挙げましょう。

変数名	変数名の由来
num	number（数）
str	string（文字列）
buf	buffer（バッファ、一時記憶領域）
cnt	count（数える）
shName	sheet（シート）+name（名前）
lastRow	last（最大）+ row（行）

上記は英語表記の変数名の例ですが、日本語の変数名もよく使われています。その場合は、例えば「金額」や「商品名」など、変数の意味や利用目的がわかりやすくて短い単語を使用するとよいでしょう。

ChatGPTに変数名を提案してもらおう

変数にどんな名前をつけるべきか、迷うときがあります。そのようなときは、ChatGPT に変数名を提案してもらうこともできます。

プロンプト（命令文）の例：

VBA で使用する変数名を提案してください。

・単価、数量、個数を代入する変数が必要です。複数提案して下さい。

・変数名は、日本語による表記と、英語による表記のどちらも提案して下さい。

・変数名は、短く簡潔で、誰が読んでも用途を理解しやすいことが望ましいです。

回答例：

以下は、VBAで使用する変数名の提案です。

1. 単価

- 日本語表記：単価、単価額
- 英語表記：unit_price, price_per_unit

2. 数量

- 日本語表記：数量、個数
- 英語表記：quantity, count

3. 個数

- 日本語表記：個数、数量
- 英語表記：count, quantity

上記の変数名は、簡潔で分かりやすく、どなたにも理解しやすいものになっています。ただし、プログラムのコンテキストに合わせて変数名を適宜変更することも必要です。

演算子を知っておこう

「+」「-」「*」「/」など、計算や操作といった処理を実行させるために使う記号は「演算子」と呼ばれます。演算子を使うことで、数値や文字列を操作することができます。

以下に、主な演算子とその処理を示します。

演算子	処理
+	和を求める（足し算）
-	差を求める（引き算）
/	商を求める（割り算）
*	積を求める（掛け算）
&	文字列を結合する
¥	商を求める（結果は整数）
^	べき乗を求める（累乗）
Mod	余りを求める（割り算の余り）

すべての演算子をすぐに暗記する必要はありませんが、上から5つの演算子（+、-、/、*、&）は、実務でよく使われるので、まずはこれらを理解しておきましょう。

「変数の宣言を強制する」オプションを有効にしておこう

VBAでは、変数を宣言せずにすぐに値を代入することもできます。しかし、そうすると、しばしば意図しないエラーが発生します。これは、変数に値を代入するときに型が自動的に決まってしまうためです。

この問題を避けるため、VBEの「変数の宣言を強制する」オプションを使うことをお勧めします。このオプションをオンにすると、以下のような利点があります。

- 変数名のスペルミスによる思わぬエラーを防止できる
- コードの読みやすさを改善できる

「変数の宣言を強制する」オプションを有効にする方法を説明します。

1.VBEで［ツール］メニューから「オプション」をクリックする。

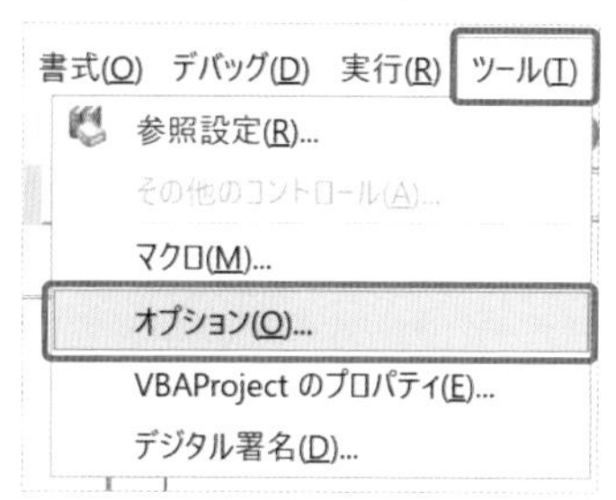

2.「オプション」ダイアログが起動したら、「編集」タブの「変数の宣言を強制する」にチェックを入れ、「OK」ボタンを押す。

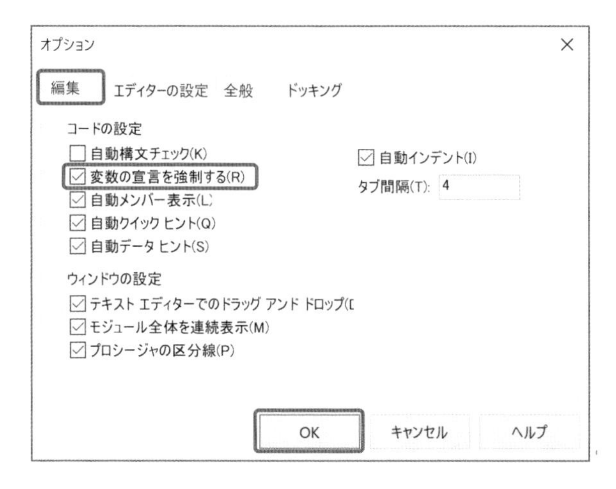

3. 以降、新しいモジュールを挿入すると、先頭行に「Option Explicit」という宣言が自動的に挿入される。これが、変数の宣言を強制するオプションが適用されたことを意味する。

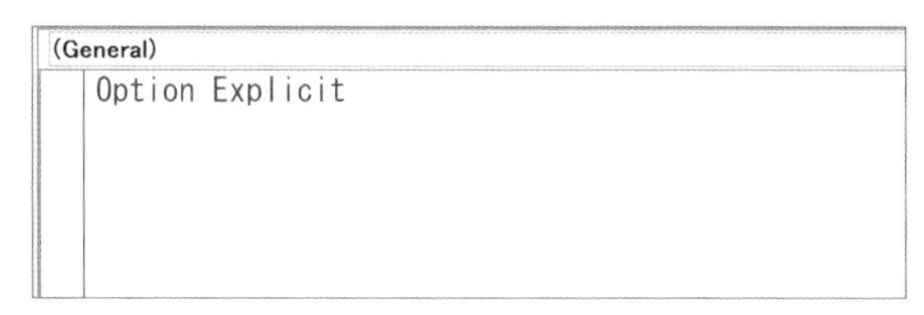

補足 手動でオプションを入力することもできる

なお、標準モジュールの先頭行に「Option Explicit」と手動で入力することによって変数の宣言を強制するオプションを適用することも可能です。

ChatGPTに変数の宣言を強制しない場合のリスクを聞いてみよう

上記で紹介した「変数の宣言を強制する」オプションを有効にしない場合、具体的にどのようなリスクが考えられるかを聞いてみましょう。

プロンプト（命令文）の例：

VBAで、「変数の宣言を強制する」オプションを有効にしない場合、どのようなリスクが考えられますか？

回答例：

VBAにおいて、「変数の宣言を強制する」オプションを有効にしない場合、以下のようなリスクが考えられます。

1. タイプミスによるエラーの発生
   変数の宣言を強制しない場合、変数名を誤って入力した場合や、間違ったデータ型を使用した場合など、タイプミスによるエラーが発生する可能性があります。
2. 変数の衝突
   変数の宣言を強制しない場合、同じ変数名が複数の場所で使用されている可能性があります。これにより、変数の値が予期しない値になるなど、プログラムの動作が予期しないものになる可能性があります。
3. メモリリークの発生
   変数の宣言を強制しない場合、使用していない変数がメモリに残され、メモリリークの原因となることがあります。メモリリークが続くと、プログラムのパフォーマンスが低下する可能性があります。
4. コードの読みやすさの低下
   変数の宣言を強制しない場合、コードが混乱しやすくなり、コードの読みやすさが低下する可能性があります。また、コードを変更する場合にも、コード全体を理解する必要があるため、変更が困難になる可能性があります。

したがって、変数の宣言を強制するオプションを有効にすることで、これらのリスクを回避することができます。

以上のように、ChatGPTは「変数の宣言を強制する」オプションを有効にしない場合に考え得るリスクについて説明してくれました。

4/2 繰り返し（For Next 構文）

「繰り返し」を利用すれば、高速で処理を繰り返すことができます。

繰り返し処理のイメージ

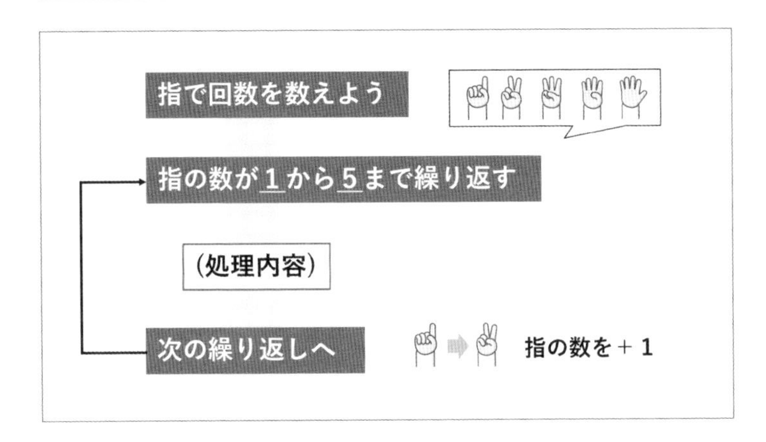

VBA で繰り返し処理をするための基本的な構文が「For ～ Next 構文」です。

For ～ Next 構文を理解するために、人間が指でカウントしながら何らかの処理を繰り返す例を用いて考えてみましょう。

例えば、「指の数が 1 から 5 になるまで処理を繰り返す」というルールを設定した場合、処理を繰り返すにつれて、指の数も「1」から順番に増えていき、指の数が「5」のときに処理した後に、繰り返しを終了することになります。

上記においては、繰り返しの回数を数えるために、指を用いました。VBA において、指のような役割を担うのが、「カウンター変数」と呼ばれる変数です。

カウンター変数の役割

For~Next構文で繰り返し処理を行う際には、カウンター変数を使用します。カウンター変数は、繰り返し処理の回数を数える役割を果たします。

カウンター変数の名前は一般に、「i」と定義されることが多いようです。この「i」は、「Index」という単語の頭文字に由来します。

For~Next構文の書き方と使い方

以下がFor~Next構文の基本形です。

コードの型：

```
Dim i As Long
For i = 開始値 To 終了値
    '何らかの処理
    '何らかの処理
    '何らかの処理
Next i
```

まず、Dim i As Longでカウンター変数iを宣言します。次に、For i = 開始値 To 終了値を指定します。この場合、iの値が開始値（例えば「1」）から終了値（例えば「5」）になるまで1ずつ増加しながら、処理を繰り返すことになります。そして、最後にNext iと記述します。

For ～ Nextの間に挟まれたコードは、インデントして記述することで、構文をわかりやすくするのがコードを書く上での作法です。

ChatGPTに、日常生活の例で説明してもらおう

For ～ Next構文を理解するため、ChatGPTに日常生活の例で説明してもらいましょう。ChatGPTは、ジョギングの例や、朝出かけるときにドアに鍵をかける回数の例などを用いて説明してくれます。

プロンプト（命令文）の例：

VBAの「For ～ Next構文」を理解するために、日常生活の例で説明してください。

なお、その他の難しい文法は用いないで説明してください。

ChatGPTの回答から一部抜粋：

例えば、あなたが毎朝10分間、ジョギングをすることに決めたとします。あなたは毎朝同じ距離を走り、同じ時間に出発すると決めました。

以下は、その例に基づいたFor~Next構文の疑似コードです。

```
For i = 1 To 7    '1週間分のループを実行する
    'ここにジョギングの処理を追加する
    '出発時間や距離など、毎日同じ処理が実行される
Next i
```

上記のコードでは、`i`という変数を使用して、1週間のジョギングルーチンを自動化しています。この場合、1週間の7日間を指定しています。

ループの本体には、実際にジョギングを行うコードを追加します。毎日同じルーチンを実行するために、出発時間や距離など、変化しない値を指定します。ループが終了すると、ループを抜けます。

上記の回答例では、ChatGPT は「疑似コード」という形で、日常の例え話を VBA のコードに見立てて説明しています。ChatGPT の回答は出力のたびに異なる結果を出力するため、例え話も異なります。ChatGPT の例え話が自分にとってしっくりこない場合、何度も回答を再出力させて、違う例え話を聞いてみるのも有効な手段でしょう。

For～Next構文を使った簡単なコードの例

以下は、メッセージボックスで「こんにちは」という文字列を5回出力するコードの例です。

コードの例：

```
Sub 繰り返し ()
    Dim i As Long
    For i = 1 To 5
        MsgBox "こんにちは"
    Next i
End Sub
```

このコードでは、カウンター変数 i が 1 から 5 になるまで増加しながら、MsgBox を出力します。

次により実用的なコードの例を紹介します。

実用的なコードの例

	A	B	C
1	単価	数量	金額
2	3,980	2	
3	2,450	4	
4	5,600	1	
5	1,200	5	
6	4,750	3	
7	6,300	1	
8	3,100	2	
9	2,900	3	
10	1,500	4	

以下は、シートの2行目から10行目まで、「単価×数量」を計算して「金額」に代入するコードの例です。

コードの例：

```
Sub 金額計算()
    'カウンター変数
    Dim i As Long

    '繰り返し
    For i = 2 To 10
        Dim 金額 As Long
        金額 = Cells(i, "A").Value * Cells(i, "B").Value
        Cells(i, "C").Value = 金額
    Next i
End Sub
```

このコードを実行すると、C列に金額が代入されます。
まずカウンター変数を宣言するためにDim i As Longと記述してい

ます。次に、「For i = 2 To 10」により、カウンター変数 i が 2 から 10 になるまで増加しながら処理を繰り返します。

また、行番号を指定する際には、変数 i を使用して、Cells(i, "A")、Cells(i, "B")、Cells(i, "C") のように記述します。こうすることで、変数 i の値が変化するにつれて、指定されるセルも自動的に変化します。その結果、2 行目～ 10 行目まで同様の処理を行うことができます。

ChatGPTに、For～Next以外の繰り返しの構文を教えてもらおう

VBA には、For ～ Next 構文の他にも、繰り返しの構文が多数あります。初心者の方は、現時点でそれらをすべてマスターする必要はありません。しかし、他にどのような構文があるのかを名前だけでも知っておくと、今後のためになるでしょう。

そこで、ChatGPT に、For ～ Next 構文以外の繰り返しの構文を教えてもらいましょう。

プロンプト（命令文）の例：

VBA において、For ～ Next 以外によく使われる繰り返しの構文を紹介して下さい。

・コードの書式と概要を簡潔に説明して下さい。

・どのような場面で必要になるのか、日常生活にたとえて説明して下さい。

必要に応じて、以下のような追加のプロンプトを使用することで、ChatGPT からの回答を表に整理してもらうことができます。

追加のプロンプト：

あなたの回答を表に整理して下さい。

表には、以下の列が必要です。構文名、概要、日常生活での例

回答例：

構文名	概要	日常生活での例
Do While～Loop	条件式がTrueの間、ブロック内のコードを繰り返す	腹が減っている間、食べ続ける
Do Until～Loop	条件式がFalseの間、ブロック内のコードを繰り返す	雨が止むまで待ち続ける
For Each～Next	配列やコレクションの要素を1つずつ取り出して実行	カバンの中身を1つずつ取り出して確認する

以上のように、VBAにおける代表的な繰り返し構文には、Do While～Loop、Do Until～Loop、For Each～Nextがあります。それぞれの構文は、条件や要素に基づいてコードを繰り返し実行することができ、日常生活での例を挙げることで理解を深めることができます。

以上のように、ChatGPT は For ～ Next 構文以外によく使われる繰り返し構文を整理してくれました。

最終行を取得するコードで、データの変化に対応しよう

For ～ Next 構文では、「For i = 開始値 To 終了値」のように、あらかじめ開始値と終了値を決める必要があります。

しかし、Excel のデータはつねに変化し、行数が増減することがあります。そのため、事前に決めた開始値と終了値では、データの変化に対応できない問題が発生します。

この問題を解決するには、最終行を自動的に取得するコードの使用がおすすめです。これにより、Excel のデータが増減しても、自動的に対応できます。

以下は、最終行を取得する定型コードです。

コードの例：

```
Cells(Rows.Count, 1).End(xlUp).Row
```

この定型コードを紐解いていきましょう。

イメージをつかむための例え話

まず、イメージをつかむために例え話で説明します。下の図のように、サルのリーダーが一番上から、群れのサルのうち最後尾のサルを見つけようと考えています。このとき、一度地面に降りてから上に向かってジャンプし、最初に出会ったサルは「最後尾のサル」であるとみなすことができます。このイメージを覚えておいてください。

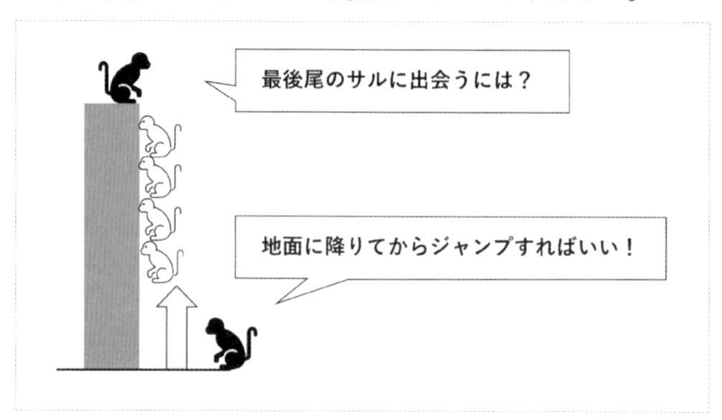

1. Cells (Rows.Count, 1)

「Cells ()」は、引数で指定された行と列のセルを指定します。「Rows.Count」はシートの最大行数を取得します。Excelのシートは最大1048576行なので、その数値が取得されます。つまり、「Cells (Rows.Count, 1)」と記述することで、シートの最終端（1048576行目）のセルを指定することになるのです。

これは、先程のサルの例え話における「一度地面に降りる」という動作に対応しています。

2. End (xlUp)

次に、End（xlUp）について説明します。このコードは、指定されたセルから上に向かってジャンプするように移動し、最初に出会った空白でないセルに到達します。

1. と 2. を踏まえると、「Cells (Rows.Count, 1) .End (xlUp)」では、シートの最終端のセルから上に向かってジャンプし、最初に出会った空白でないセルに到達することになります。

これは、先程のサルの例え話における「地面から上に向かってジャンプし、最初に出会ったサルを特定する」という動作に対応しています。

3. Row

最後に、.Row について説明します。Row プロパティは、セルの行番号を取得します。つまり、Cells（Rows.Count, 1）.End（xlUp）.Row のコードは、シートの A 列にあるデータの最終行の行番号を取得できるのです。

最終行を取得するコードを使って、表の最後まで繰り返し処理しよう

先ほど学習した、「最終行を取得するコード」を利用して、表を最後まで繰り返し処理する方法を紹介しましょう。

	A	B	C
1	単価	数量	金額
2	3,980	2	
3	2,450	4	
4	5,600	1	
5	1,200	5	
6	4,750	3	
7	6,300	1	
8	3,100	2	
9	2,900	3	
10	1,500	4	
11	7,200	1	
12	4,100	2	
13	2,600	3	
14	5,800	1	
15	1,800	4	
16	4,500	2	

例えば、上記の表において、A 列と B 列目にある「単価」と「数量」をかけ算して、その結果を「金額」に代入する場合を考えます。

コードの例：

```
Sub 最終行まで金額計算 ()

    ' 最終行を取得する
    Dim lastRow As Long
    lastRow = Cells(Rows.Count, 1).End(xlUp).Row

    ' 最終行まで繰り返す
    Dim i As Long
    For i = 2 To lastRow
        Dim 金額 As Long
        金額 = Cells(i, "A").Value * Cells(i, "B").Value
        Cells(i, "C").Value = 金額
    Next i

End Sub
```

まず、「Dim lastRow As Long」で、最終行の行番号を取得するための変数「lastRow」を宣言しています。また、lastRow = Cells（Rows.Count, 1）.End（xlUp）.Row で、最終行を取得して変数 lastRow に代入しています。

次に、「For i = 2 To lastRow」によって、カウンター変数 i が 2 から最終行（lastRow）まで増加しながら処理を繰り返します。

このコードを実行することで、最終行までの金額計算が行われ、C 列に計算結果が代入されるのです。

ChatGPTに、このコードを使う上での注意点を聞いてみよう

上記で紹介した「最終行を取得するコード」を使う上での注意点について ChatGPT に説明してもらうことができます。

プロンプト（命令文）の例：

VBAで最終行を取得する以下のコードについて学習しています。

```
Cells(Rows.Count, 1).End(xlUp).Row
```

このコードでは目的を達成できないケースを簡潔に教えてください。

回答例：

このコードは、最終行を取得するための一般的な方法ですが、いくつかのケースでは正確な結果を返さないことがあります。

1. 最終行が空白の場合：もし最終行がデータでなく空白である場合、このコードは最終行の次の行を返します。つまり、空白のセルの次の行の行番号が返されます。
2. 最終行がセルの結合やフィルタリングされた範囲内にある場合：セルの結合やフィルタリングによってデータが非表示になっている場合、このコードは非表示の行を最終行として返します。実際の最終行ではなく、結合やフィルタリングされた範囲の最終行が返されます。

これらのケースでは、より正確な結果を得るために、別の方法を使用する必要があります。

以上のように、このコードを利用してもうまく最終行を取得できないケースについてChatGPTが説明してくれました。以下に要点を挙げます。

- **Cells(Rows.Count,1)の「1」はA列を意味するため、基本的にA列の最終行しか取得できない**
- **そのため、A列が空白だったり、A列の最後のセルが空白だった場合、うまく最終行を取得できない**
- **上記を避けるには、A列ではなく他の列を指定するため、「1」以外に変更する必要がある**

このコードを利用する際には、上記に注意しましょう。

4/3 条件分岐

条件分岐とは、ある条件によって異なる動作をする仕組みです。VBAで条件分岐を行うための代表的な構文が「If～End If構文」なのです。

条件分岐とは？ 日常の例で理解しよう

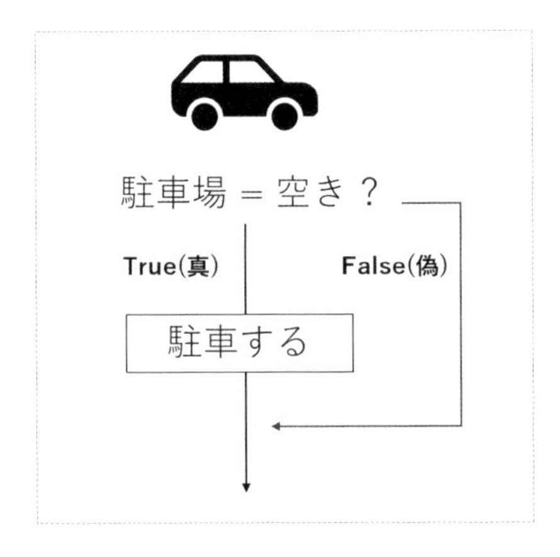

条件分岐のイメージをつかむため、日常の例を用いて説明しましょう。例えば、車で外出した際には、駐車場が空いているかによって、車を駐車するかを判断します。

・条件：駐車場 = 空き ?
・一致する：駐車する

このように、あらかじめ条件式を決めておき、その条件に一致すれば処理を実行します。

VBA では、条件に一致することは「True（真)」と呼ばれ、一致しないことは「False（偽)」と呼ばれます。

If～End If構文の基本（条件に一致するなら○○する）

If ～ End If 構文は、VBA で条件分岐を実現するための基本的な構文です。

まずは、If ～ End If 構文の一般的な書式を見てみましょう。

書式：

```
If 条件式 Then
    ' 条件式が True の場合に実行する処理
End If
```

条件式とは、あらかじめ決めた条件を式であらわしたものです。先ほどの駐車場の例でいうと「駐車場 = 空き」に対応します。もし条件式が True であれば、If 文と End If 文の間にある処理が実行されます。条件式が False であれば、その処理はスキップされます。

ChatGPTに、日常生活の例で説明してもらおう

If ～ End If 構文を理解するため、ChatGPT に日常生活の例で説明してもらいましょう。

プロンプト（命令文）の例：

VBA の「If ～ End If 構文」を理解するために、日常生活の例で説明してください。
なお、その他の難しい文法は用いないで説明してください。

ChatGPTの回答から一部抜粋：

日常生活の例として、ある商品を買いに行くときに、その商品が値引きされている場合にのみ購入するという場面を考えてみましょう。

```
Sub BuyItem()
    Dim price As Integer
    price = 1000 ' 商品の通常価格
    If price < 800 Then
        MsgBox " 購入する "
    End If
End Sub
```

このプログラムは、変数「price」が800未満の場合にメッセージボックスが表示され、購入するようになっています。800円以上の場合には何も起こりません。

上記の回答例では、ChatGPTはIf～End If構文を買い物に例えて説明しています。ただし同じ質問をしても、ChatGPTの回答における例え話は基本的に出力のたびに異なります。そのため、ChatGPTの例え話がしっくりこなければ、何度も回答を再出力させて、違う例え話を聞いてみるのも有効な手段でしょう。

If～End If構文の具体的なコードの例

	A	B	C
1	単価	数量	金額
2	3,980	2	7,960

それでは、具体的なコード例を見てみましょう。この例では、セルC2の値が5000より大きいかを判定し、一致する場合はメッセージボックスを出力します。

コードの例：

```
Sub サンプルコード 4_3_A()

    If Range("C2").Value > 5000 Then
        MsgBox "セルの値は 5000 より大きい"
    End If

End Sub
```

このコードの例では、「Range（"C2"）.Value > 5000」が条件式となります。セルC2の値が5000より大きいかによって条件分岐します。例題のシートでは、C2の値は「7960」であるため、条件式の結果は真（True）となります。そのため、メッセージボックスが表示されます。そうでない場合は、メッセージボックスは表示されません。

比較演算子を知っておこう

上記のコードの例では、条件式に「>」という記号を使用しました。このように条件式に使える記号は「比較演算子」と呼ばれます。

VBAには、さまざまな比較演算子が用意されています。以下に、比較演算子を表形式で示します。

比較演算子	説明	コード例
=	等しい	If A = B Then
<>	等しくない	If A <> B Then
>	より大きい	If A > B Then
<	より小さい	If A < B Then
>=	A は B 以上である	If A >= B Then
<=	A は B 以下である	If A <= B Then

これらの比較演算子を使って、条件式を作成します。

Elseステートメント（そうでなければ○○する）

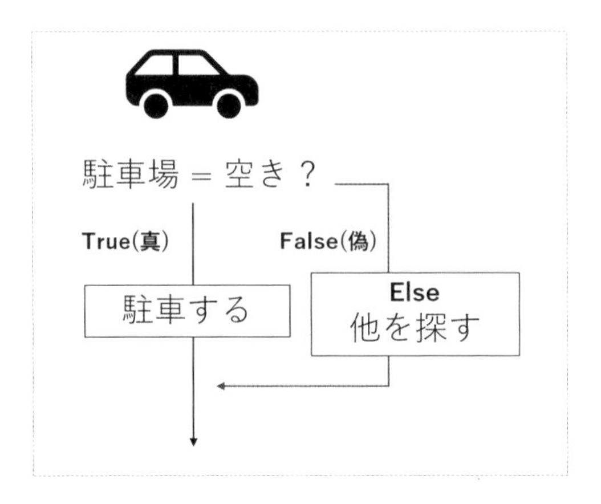

上記で紹介したIf～End If構文の基本形では、条件に一致する場合の処理しか記述できませんでした。一方、「Elseステートメント」を使用すると、条件に一致しない場合の処理も記述できます。

これにより、条件式が真（True）の場合と偽（False）の場合で、それぞれ異なる処理を行うことができます。

Elseステートメントの基本構文：

```
If 条件式 Then
    '真(True)の場合に実行される処理
Else
    '偽(False)の場合に実行される処理
End If
```

以下のコード例では、セルC2の値が10000より大きいかを判定し、条件に一致する場合はメッセージボックスで「10000より大きい」と表示し、一致しない場合は「10000より大きくない」と表示します。

コードの例：

```
Sub サンプルコード 4_3_B()
    If Range("C2").Value > 10000 Then
        MsgBox "10000 より大きい "
    Else
        MsgBox "10000 より大きくない "
    End If
End Sub
```

このように、Else ステートメントを使用することで、条件式に一致する場合と、一致しない場合の処理を分けることができます。

ChatGPTに条件式の書き方を相談しよう

VBA のコードを記述しているとき、条件式の書き方に迷うことがあります。そのようなときには、ChatGPT に相談して、どのような条件式にすればよいかを相談すれば、提案を受けられます。

	A	B
1	2023/5/1	
2		

以下の例では、セル A1 に入力されている日付が「土曜」であるかを判定するための条件式について、ChatGPT に質問しています。

プロンプト（命令文）の例：

Excel VBA について、以下の要件を満たす If ～ End If 構文のコードを提案してください。

・セル A1 に本日の日付が入力されている状況。

・日付が土曜であるかどうかを判定したい。

・変数を使わずにコードを提案してほしい。

回答例：

Excel VBAで、セルA1に入力された日付が土曜日であるかどうかを判定する条件式は、以下のようになります。

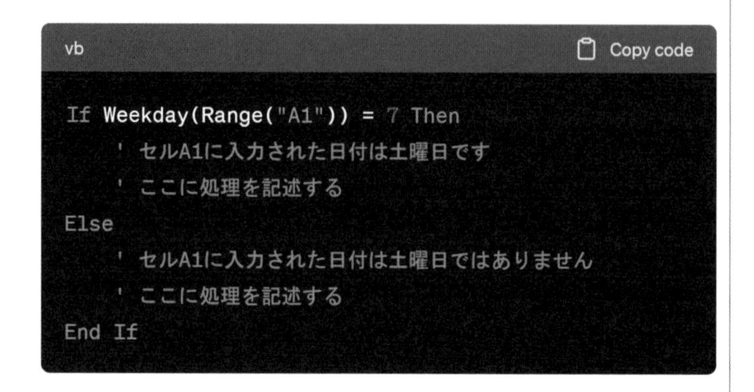

vb
Copy code
If Weekday(Range("A1")) = 7 Then
' セルA1に入力された日付は土曜日です
' ここに処理を記述する
Else
' セルA1に入力された日付は土曜日ではありません
' ここに処理を記述する
End If

上記の条件式では、Weekday関数を使用してセルA1に入力された日付の曜日を数値で取得しています。Weekday関数は、引数で指定した日付の曜日を1（日曜日）から7（土曜日）の数値で返します。土曜日である場合は、返される数値が7になるため、条件式の比較演算子で7と比較することで判定しています。

以上の回答からわかるように、ある日付が土曜日であるかを判定するには、「Weekday 関数」を使用するのが有効であるということがわかりました。

なお、プロンプト（命令文）の例では、「変数を使わずにコードを提案してほしい。」という一文を記述しました。その理由は、変数を使わずに説明した方が、VBA 初心者にとっては直感的でわかりやすい説明を得られることがあるからです。

4/4 VBA関数

VBA関数は、VBAにあらかじめ用意されている便利な機能です。VBA関数を使うことで、様々な処理や計算を簡単に実施できます。VBA関数は100種類以上存在しますが、ここではその中でもよく使われるものをいくつか紹介します。

イメージで理解する、VBA関数の使い方

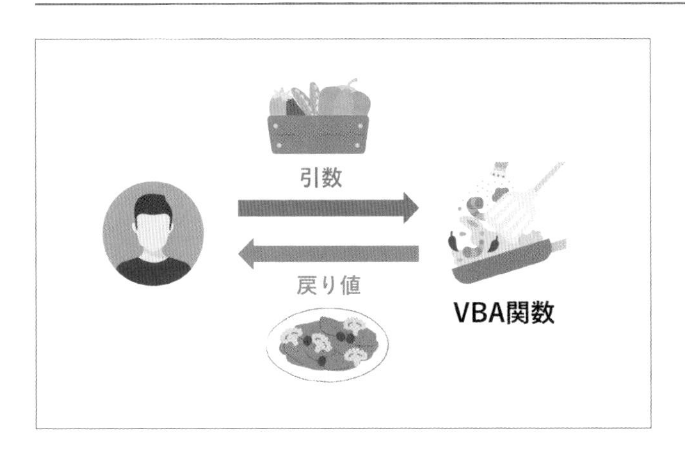

VBA関数の使い方をイメージで理解するため、日常のシーンに例えて説明しましょう。

あるVBA関数には、料理を作る機能があるとします。VBA関数に料理を作るように頼むには、食材も一緒に提供する必要があります。この処理に必要な「食材」のようなデータは「引数」と呼ばれます。

またVBA関数は、作り終えた料理の完成品をアウトプットして返すことができます。そして、VBA関数から返されるデータは「戻り値」と呼ばれます。

VBA関数の書式

以下に、VBA関数の一般的な書式を紹介します。

書式：

```
関数名(引数1, 引数2, ...)
関数名 引数1, 引数2, ...    '戻り値がない場合
```

「関数名」は使用する関数の名前です。「引数1, 引数2, ...」などは、関数に渡せる引数であり、関数によって必要な個数が異なります。

補足 引数を( )で囲うかどうかの基準

引数を( )で囲うかどうかは、そのVBA関数が戻り値を返すかによって変わります。戻り値がある場合は、引数を()で囲う必要があります。逆に、戻り値がない場合は、囲いません。

MsgBox関数で、メッセージを出力する

MsgBox関数は、メッセージボックスと呼ばれるウィンドウを表示するための関数です。MsgBox関数を使うことで、簡単に画面にメッセージを出力できます。

MsgBox関数の一般的な書式は以下の通りです。

書式：

```
MsgBox 文字列
```

ここで、「文字列」は、出力したいメッセージの内容です。文字列として入力するには、値を " " で囲う必要がある点に注意しましょう。

また、以下の例のように、変数を用いてメッセージボックスを出力することもできます。

コードの例：

```
Sub MsgBox例題()
    Dim str As String
    str = Range("A1").Value
    MsgBox str
End Sub
```

このコードを実行すると、セルA1に入力されている値がメッセージボックスで出力されます。まず、「Dim str As String」では、文字列を代入できるstring型の変数「str」を宣言します。次に、「str = Range("A1").Value」では、変数strに対してセルA1の値を代入しています。最後に、「MsgBox str」では、変数strの値をMsgBoxで出力しています。

ChatGPTに、MsgBoxの応用方法を聞いてみよう

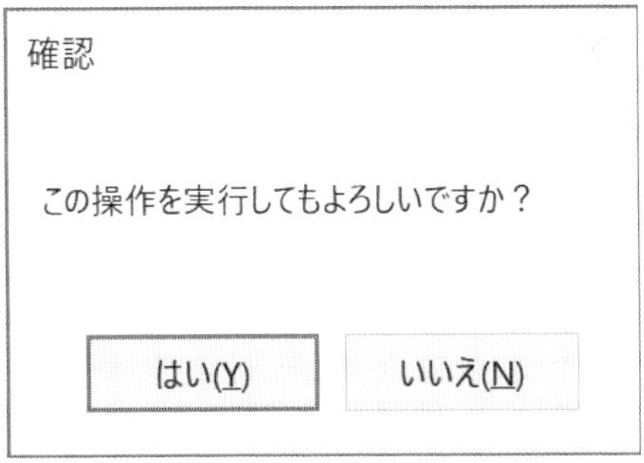

確認

この操作を実行してもよろしいですか？

はい(Y)　いいえ(N)

MsgBox関数は複数の引数を指定することで、さらに応用的な使い方ができます。例えば、メッセージに「はい」「いいえ」の２種類のボタンを表示し、ユーザーが押したボタンによってその後の処理を分岐するといった使い方もあります。ChatGPTに、MsgBox関数の応用例について聞いてみましょう。

プロンプト（命令文）の例：

VBA の MsgBox 関数で「はい」「いいえ」の 2 種類のボタンを表示する応用例について説明してください。

ChatGPTの回答から一部抜粋：

例えば、以下のように、ユーザーが特定の操作を実行するかを確認するダイアログボックスを表示することができます。

```
Sub CheckUserInput()
    Dim result As VbMsgBoxResult
    result = MsgBox(" この操作を実行してもよろしいですか？ " _
        , vbYesNo, " 確認 ")

    If result = vbYes Then
        ' はいが選択された場合の処理
        MsgBox " 操作を実行します。"

    Else
        ' いいえが選択された場合の処理
        MsgBox " 操作を中止します。"
    End If
End Sub
```

以上のように、ChatGPTはコードの具体例を示しながら、メッセージボックスに「はい」「いいえ」の２つのボタンを出力する方法を紹介してくれました。

VBA初心者にとってはややレベルが高いコードですが、現時点では

「そのような活用例もある」と記憶に残しておくとよいでしょう。

Replace関数で、文字列の一部を置き換える

Replace関数は、文字列の一部を別の文字列に置き換える関数です。Replace関数を使うことで、簡単に文字列を加工したり整形したりできます。

Replace関数の一般的な書式は以下の通りです。

書式：

```
Replace(対象文字列, 検索文字列, 置換文字列)
```

- **「対象文字列」は対象とする文字列全体を指定する**
- **「検索文字列」は対象文字列から検索したい部分を指定する**
- **「置換文字列」は検索文字列を置き換える文字列を指定する**

以下の例では、セルA1の値に含まれる"東京"という文字列を"Tokyo"に置き換えます。

コードの例：

```
Sub Replace例題()
    Dim 元のテキスト As String
    Dim 置換後テキスト As String
```

```
    元のテキスト = " 東京都品川区 "
    置換後テキスト = Replace( 元のテキスト , " 東京 ", "Tokyo")

    MsgBox 置換後テキスト
End Sub
```

このコードを実行すると、" 東京都品川区 " という文字列に含まれる " 東京 " が "Tokyo" に置き換えられ、その結果がメッセージボックスに出力されます。これにより、簡単に文字列を置き換えられます。

ChatGPTに、応用的なReplace関数の使い方を聞いてみよう

Replace 関数は、上記で説明した「文字列を置換する」という使い方以外にも、「文字列の一部を削除する」という方法でもよく利用されます。

ChatGPT に、Replace 関数の応用例について聞いてみましょう。

プロンプト（命令文）の例：

VBA の Replace 関数で文字列の一部を削除する応用例について説明してください。

日本語の文字列を題材に説明してください。

回答例：

VBAのReplace関数は、指定した文字列内で、ある文字列を別の文字列に置換するために使用されます。そのため、文字列の一部を削除する場合は、置換後の文字列を空文字列に設定することができます。

例えば、次のような文字列があったとします。

rust
Copy code
Dim str As String
str = "こんにちは、私の名前はChatGPTです。"

この文字列から、「私の名前は」という部分を削除するには、Replace関数を使用します。具体的には、以下のようにコードを記述します。

このコードを実行すると、変数strの値は以下のようになります。

以上の回答例のように、Replace関数の第3引数（置換文字列）に「""」と記述すれば、空白の文字列に置換すること、すなわち第2引数で指定した検索文字列を削除することができます。

なお、プロンプトの例では「日本語の文字列を題材に説明してください。」と記述しました。その理由は、ChatGPTはしばしば英語の文字列を題材に説明することがあるので、日本語の文字列を題材にして説明させるためです。

Left関数、Right関数、Mid関数で、文字列を一部抜き出す

Left関数、Right関数、Mid関数の3つは、文字列から特定の部分

を抜き出すための関数です。具体的には、以下の違いがあります。

・Left 関数は文字列の左端から指定の文字数を抜き出す
・Right 関数は文字列の右端から指定の文字数を抜き出す
・Mid 関数は文字列の指定した位置から指定の文字数を抜き出す

Left, Right, Mid 関数の一般的な書式は以下の通りです。

書式：

```
Left( 文字列 , 長さ )
Right( 文字列 , 長さ )
Mid( 文字列 , 開始位置 , 長さ )
```

「文字列」は対象となる文字列全体、「長さ」はそこから抜き出したい文字数を指定します。Mid 関数だけには、他の関数と違って「開始位置」という引数があります。この引数は、文字列の先頭から何文字目から開始するのかを指定します。

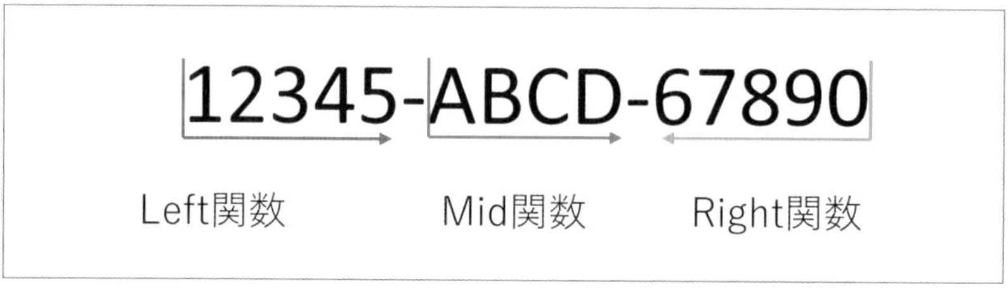

12345-ABCD-67890

Left関数　Mid関数　Right関数

コードの例：

```
MsgBox Left("12345-ABCD-67890", 5)  ' 左端から 4 文字
MsgBox Right("12345-ABCD-67890", 5)  ' 右端から 5 文字
MsgBox Mid("12345-ABCD-67890", 7, 4)  ' 左端から 7 文字目を開始位置
とし、4 文字
```

実行結果は以下の通りです。

・Left 関数 : "12345"
・Right 関数 : "67890"
・Mid 関数 : "ABCD"

Left 関数と Right 関数は引数が 2 つで、使い方がほとんど同じです。一方、Mid 関数は引数が 3 つあり、他の関数と使い方に違いがあります。注意しましょう。

Now関数で、現在の日付時刻を取得する

Now 関数は、現在の日付と時刻を取得するための関数です。これを使うことで、簡単に現在の日付や時刻を利用できます。

Now 関数の一般的な書式は以下の通りです。

書式：

```
Now
```

Now 関数は引数が不要であるため、「Now」とだけ記述すれば利用できます。引数がないことを明示的に示すために、Now () と記述されることもあります。

この例では、現在の日付と時刻を取得し、メッセージボックスで出力させます。

コードの例：

```
Sub Now 関数例題 ()
    MsgBox Now
End Sub
```

このコードを実行すると、現在の日付と時刻がメッセージボックスで出力されます。

ChatGPTに、Now関数の書式を変える方法について質問しよう

Now 関数は、現在の日付と時刻を "2023/05/05 23:46:12" のような書式で取得します。しかし、日付の書式を変更したいこともあります。例えば、"2023 年 5 月 5 日 " のような書式に変更したい場合です。その方法を ChatGPT に質問してみましょう。

プロンプト（命令文）の例：

VBA の Now 関数で取得できる日付時刻を、以下の書式に変更する方法を教えて下さい。

書式の例：2023 年 5 月 5 日

変数を使わないで説明して下さい。

回答の例：

以下のように、Now関数で取得した日付時刻をフォーマット関数で指定した書式に変更することができます。

mathematica
Copy code
Format(Now(), "yyyy年m月d日")

この場合、"yyyy"は4桁の年、"m"は1桁または2桁の月、"d"は1桁または2桁の日を表しています。フォーマット関数は、指定された書式に基づいて、引数で指定された日付時刻を文字列として返します。

例えば、2023年5月5日にNow関数を使用した場合は、上記の式を実行すると「2023年5月5日」という文字列が返されます。

上記のように、ChatGPT は Format 関数という VBA 関数を使うことで書式を変更する方法を紹介してくれました。Format 関数は、"yyyy 年 m 月 d 日 " のような書式記号と呼ばれる記号を使って、値の書式を変更することができる VBA 関数です。

4/5 シートとブックの操作

ブック、シート、セルの階層構造

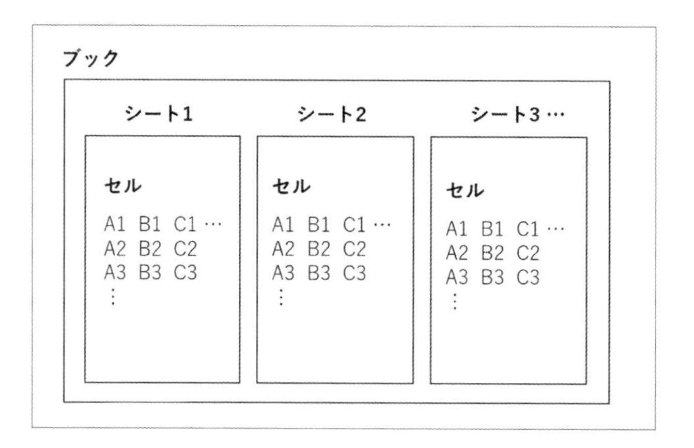

Excelにおいて、「ブック」「シート」「セル」は階層構造のようになっています。この階層構造を理解し、VBAでブックやシートを指定する際には、階層的にコードを書くことが重要です。具体的には、「.」でつなげて階層を表現します。

書式：

```
ブック.シート.セル
```

以降は、ブックやシートを指定するコードの書式をそれぞれ紹介します。

シートを指定する- Sheets(引数)

Excel VBAでは、シートを指定する方法がいくつかあります。シートを指定する方法には、名前で指定する方法と番号で指定する方法があります。

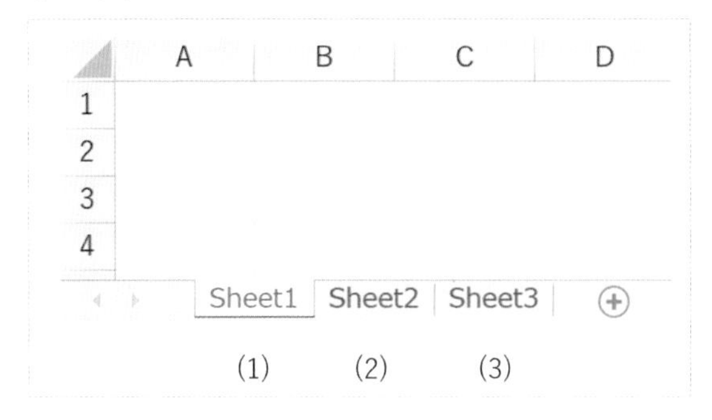

シートを指定する場合、以下の書式を使用します。

書式：

```
Sheets("シート名")   '1. 名前で指定する
Sheets(番号)         '2. 番号で指定する
```

1. 「"シート名"」には、シートの名前を文字列で記述します。例えばシートの名前が "Sheet1" の場合は、Sheets（"Sheet1"）のように記述します。
2. 「番号」には、ブックにあるシートを左から数えた番号で指定します。例えばブックにある1番目のシートを指定する場合は、Sheets（1）のように記述します。

コードの例：

```
Sub シートを指定する例()

    'シート.セル = 値
    Sheets("Sheet1").Range("A1").Value = 100

End Sub
```

上記では、シート名「Sheet1」のセル A1 に値 100 を代入しています。

全シートを最後まで連続で処理する – Sheets.Count

	A	B	C	D	E
1					
2					
3					
4					

Sheet1	Sheet2	Sheet3	Sheet4	Sheet5
(1)	(2)	(3)	(4)	(Sheets.Count)

全シートを連続処理するには、以下のようにコードを記述します。

コードの例：

```
Dim i As Long
For i = 1 To Sheets.Count
   'Sheets(i) に対する処理
Next i
```

上記は、For ～ Next 構文において、「For i = 1 To Sheets.Count」と記述しています。開始値は「1」です。終了値に「Sheets.Count」と記述すると、ブックに含まれているシートの最大数を自動的に取得します。例えばブックには5つのシートが含まれている場合、自動的に「5」を取得します。また、For ～ Next 構文の中には、Sheets（i）に対する処理を記述することで、Sheets（1）、Sheets（2）、Sheets（3）…Sheets（Sheets.Count）と、順番に処理を繰り返すことができます。

具体的なコード例を紹介しましょう。以下は、全シートのセルA1に「300」という数値を代入するコード例です。

コードの例：

```
Sub シートの連続処理 4_5()
    Dim i As Long
    For i = 1 To Sheets.Count
        Sheets(i).Range("A1").Value = 300
    Next i
End Sub
```

ブックを指定する – Workbooks（引数）

ブックを指定する方法には、「ブック名 . 拡張子」で指定する方法と、番号で指定する方法があります。

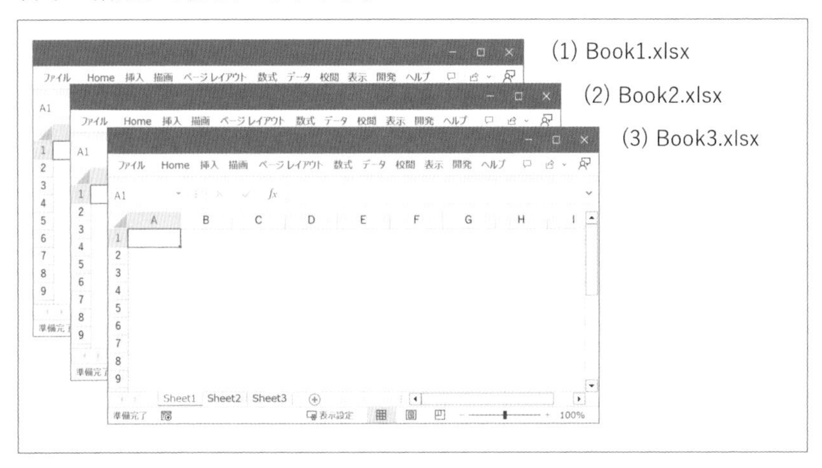

書式：

```
Workbooks(" ブック名 . 拡張子 ")   '1. ブック名 . 拡張子で指定する
Workbooks( 番号 )                  '2. 番号で指定する
```

1.「ブック名」は、Excel ブックを保存した際に付けたファイル名であり、「拡張子」はファイルの種類を示す文字列です。Excel ブックの拡張子は、一般的に ".xlsx" ですが、以前のバージョンで保存されたブックの拡張子は ".xls" です。また、マクロが有効な

Excelブックの場合は、".xlsm" という拡張子になります。
2.「番号」には、ブックに割り振られた「1,2,3…」という番号を指定します。ただし、この番号はブックを開いた順番に自動で割り振られる上、ブックを閉じたりすることで番号に空きが出ると前に詰めるように自動的に変更されるため、注意が必要です。

コードの例：

```
Sub ブックを指定する例()

    'ブック.シート.セル = 値
     Workbooks("例題ブック.xlsx"). _
         Sheets("Sheet1").Range("A2").Value = 200

End Sub
```

補足〉コードを途中改行するには行末で「 _」を入力

上記のコードは1行が長いため、行末に「 _」を入力してEnterキーで途中改行しました。このように、1行のコードが長すぎると読みにくくなるため、途中に改行を入れることをおすすめします。

上記のコードでは、「例題ブック.xlsx」というブックの、「Sheet1」というシートにあるセルA2を指定しています。また、「.Value = 200」と記述することで、セルの値に「200」を代入しています。

補足〉現在開いているブックのみに有効

上記のコードは現在開いているブックに対してのみ有効です。現在閉じているブックを開くには、別の手段を取る必要がある点に注意してください。本書ではPART8の「8-3」にて、閉じているブックを開いて処理する方法について解説しています。

全ブックを最後まで連続で処理する – Workbooks.Count

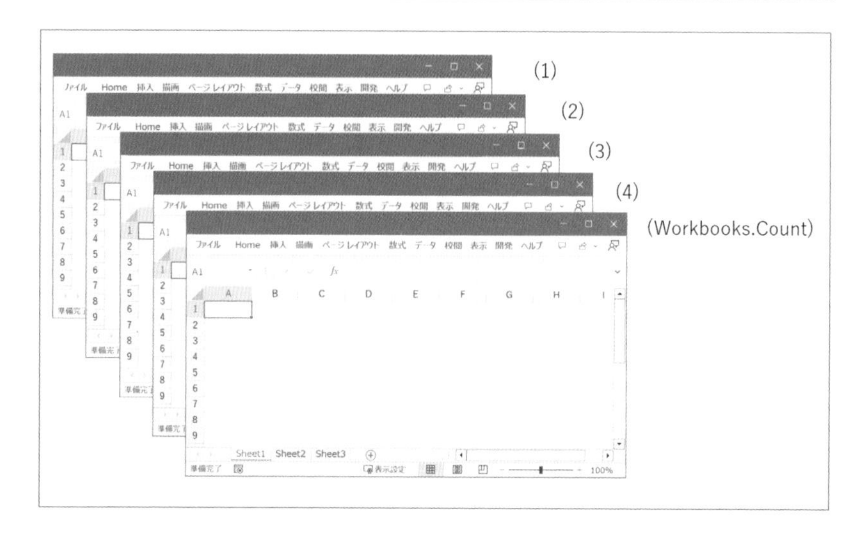

現在開いているすべてのブックを連続処理するには、以下のようにコードを記述します。

```
Dim i As Long
For i = 1 To Workbooks.Count
   'Workbooks(i)に対する処理
Next i
```

上記のコードでは、For ～ Next構文において、「For i = 1 To Workbooks.Count」と記述しています。開始値は「1」です。終了値に「Workbooks.Count」と記述すると、現在開いているブックの最大数を自動的に取得します。例えば現在5つのブックを同時に開いている場合、自動的に「5」を取得します。また、For ～ Next構文の中には、Workbooks（i）に対する処理を記述することで、Workbooks（1）、Workbooks（2）、Workbooks（3）　…Workbooks（Workbooks.Count）と、順番に処理を繰り返すことが可能です。

以下のコードの例では、全ブックの1番目のシートのセルA2に「500」という数値を代入しています。

コードの例：

```
Sub ブックの連続処理()
    Dim i As Long
    For i = 1 To Workbooks.Count
        Workbooks(i).Sheets(1).Range("A2").Value = 500
    Next i
End Sub
```

シートやブックを指定せずに省略した場合の注意点

VBAでセルを操作する際に、シートやブックを指定せずに「Range("A1")」などとセルを指定するコードを記述することがあります。その場合、どのシートやブックが操作対象になるのでしょうか。

実は、シートやブックを省略した場合は、「現在アクティブなブックやシート」が自動的に指定されます。「アクティブな」とは、現在Excelの操作対象になっていることを指します。Excelの日常操作に当てはめると、特定のシートやブックをクリックして選択している状態と考えてよいでしょう。

たとえば、以下のようにRange("A1")とだけ記述した場合は、自動的に現在アクティブなブックのアクティブなシートのセルA1が操作対象になります。

```
Range("A1").Value = 100
```

補足 ブックやシートを省略する際のリスクに注意

上記のようにブックやシートの指定を省略したコードを書いた場合、マクロを実行する時点でアクティブなブックやシートが自動的に操作対象になります。その結果、意図しないブックやシートが操作されてしまう恐れがあるので、注意しましょう。

「ThisWorkbook」で、マクロ保存ブック自身を指定できる

「ThisWorkbook」と記述すると、VBAのコードを記述しているマクロ保存ブック自身を指定できます。ThisWorkbookを使えば、ブック名や拡張子に関わらずに簡単にマクロ保存ブックを指定できるという利点があります。そのため、実用マクロではThisWorkbookが重宝されます。

```
Sub このブックを指定する例()
    ThisWorkbook.Sheets(1).Range("A3").Value = 300
End Sub
```

このコードでは、マクロ保存ブック自身の1番目のシートにあるセルA3に「300」を代入しています。

With～End With構文で、省略形のコードを書く

コードを簡略化するため、「With～End With構文」を利用しましょう。この構文を使用すると、コードをシンプルにまとめることができます。

例えば、次のようなコードで同じシートを繰り返し指定する場合について考えてみましょう。

コードの例：

```
Sheets(2).Range("A1").Clear
Sheets(2).Range("B2").Value = 10
Sheets(2).Range("C3").Copy Range("D3")
```

このコードは、With ～ End With 構文を使うと、以下のように省略して記述できます。

コードの例：

```
With Sheets(2)
    .Range("A1").Clear
    .Range("B2").Value = 10
    .Range("C3").Copy Range("D3")
End With
```

このように、先頭に「With Sheets (2)」と記述し、最後に「End With」と記述すると、その間のコードは「.」以降を記述すれば、すべて Sheets (2) に対する処理となります。

With と End With の間にあるコードを記述する際には、[Tab] キーを使ってインデント（字下げ）するのが一般的です。

書式：

```
With オブジェクト
    . 以降のコード
    . 以降のコード
End With
```

補足 〉シートだけでなく、ブックやセルの指定も省略できる

以上の例ではシートの指定を省略しました。同様に、ブックの指定や、セルの指定を省略することも可能です。

ChatGPTに、With～End With構文で省略するように提案してもらおう

現在のコードをWith～End With構文で省略するように、ChatGPTに提案してもらうことも可能です。

プロンプト（命令文）の例：

以下のVBAのコードをリファクタリングしてください。

```
Range("A1:B5").Font.Name = "MS ゴシック "
Range("A1:B5").Font.Size = 12
Range("A1:B5").Font.Bold = True
```

回答例：

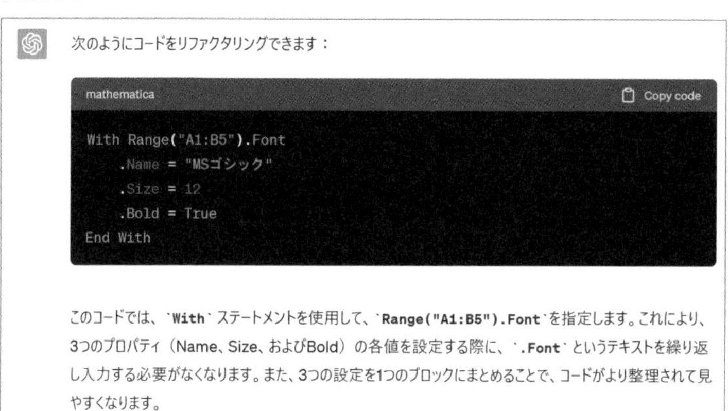

次のようにコードをリファクタリングできます：
mathematica
Copy code
With Range("A1:B5").Font
.Name = "MSゴシック"
.Size = 12
.Bold = True
End With
このコードでは、`With`ステートメントを使用して、`Range("A1:B5").Font`を指定します。これにより、3つのプロパティ（Name、Size、およびBold）の各値を設定する際に、`.Font`というテキストを繰り返し入力する必要がなくなります。また、3つの設定を1つのブロックにまとめることで、コードがより整理されて見やすくなります。

このように、ChatGPTはWith～End With構文を用いてコードを整理しました。この命令文で「リファクタリング」という言葉を使いました。リファクタリングとは、プログラムの動作そのものは変えずにコードを書き換えることで、無駄な処理を省き、見やすく整理することです。なお、今回のサンプルコードでは、「Range("A1:B5")」について、フォントの書式を変更しています。「.Font.Name = "MS ゴシック "」ではフォントを「MS ゴシック」に、「.Font.Size = 12」ではフォントサイズを12に、「.Font.Bold = True」ではフォントを太字に変更しています。

PART 5

わからないことはChatGPTで調べよう

教材ファイル

GPT命令文

補足動画

この章のサポートページで閲覧できます。
https://excel23.com/chat-vba#part5

アイ子：VBAの基礎知識を一通り学習することができたわね。でも、自分でマクロを作るときには、わからないことやまだ学習したことがないことにも出会うわ。そのようなとき、どうすればいいと思う？

新宮君：え〜と、自分で調べたり、ChatGPTに質問したりすればいいのですか？

アイ子：その通り！　でも、ChatGPTには、ただ質問するだけじゃダメなの。質問するときの文章の書き方次第で、ChatGPTはまったく参考にならない回答をすることもあるの。

新宮君：ひぃっ！それは困ります。どのように質問すればいいのですか？

アイ子：OK。じゃぁ、ChatGPTでVBAについて調べる際に押さえておくべきポイントを伝えるわね。

5/1 ChatGPTに質問するときのコツ

ChatGPTにVBAについて質問する際には、コツが必要です。よい質問をすれば、知りたい情報を返答してもらえる可能性が高くなります。逆に、よくない質問をすれば、その可能性は低くなります。

△よくない例	○よい例
△あいまいで具体性のない文章 在庫数が少ない商品の個数をカウントしたいです。	**○明確で具体的な文章** 在庫数が**50を下回る**商品の個数をカウントしたいです。在庫数は**D列に入力**されています。
△複雑な命令を整理せず書く 在庫が少ない商品をチェックしたいのですが、50未満ならE列に文字列を表示したくて、在庫のデータはD列にあって、回答は数式を提案して欲しくて、…	**○セクションを分けて情報を整理** ## **命令** ## ## **要件** ## ## **出力形式** ##
△一度目の回答を見てあきらめる 期待した回答が出力されなかった…。**やっぱりAIは使えないよ。だめだ！**	**○何度も命令してトライ＆エラー** ・～というコードについて**説明**してください。 ・～の部分を**修正**してください。 ・～機能を**追加**してください。

例えば、以下の具体的なケースについて考えてみましょう。

ケース：

「在庫数」が50を下回っている商品の個数をカウントし、メッセージボックスに出力したい。

	A	B	C	D
1	商品ID	商品名	単価	在庫数
2	3001	ビジネスバッグ	5,000	30
3	3002	スーツケース	8,000	20
4	3003	革財布	3,000	50
5	3004	折りたたみ傘	1,000	100
6	3005	タオルセット	1,500	80
7	3006	ペンシルスケッチ	500	120
8	3007	ボールペン	100	200
9	3008	メモ帳	300	150
10	3009	コンパクトデジタルカメラ	20,000	15
11	3010	スマートフォン	80,000	10

ポイント1　質問を明確かつ具体的に

ChatGPT に VBA について質問するときには、質問を明確かつ具体的にしましょう。曖昧な質問では適切な回答を得られないことが多くなります。

よくない質問の例：

Excel VBA で在庫数が少ない商品の個数をカウントしたいです。
どのようなコードを書けばいいですか？

上記の例は、具体性が足りない部分があります。例えば、「在庫数が少ない」とは具体的にどのくらいなのかが明確になっていません。また、Excel のシート上ではどのような表の配置になっているかが ChatGPT に伝わりません。

よい質問の例：

Excel VBA で在庫数が 50 を下回る商品の個数をカウントしたいです。
在庫数は D 列に入力されています。
どのようなコードを書けばいいですか？

上記の例は、「在庫数が50を下回る」という条件や、「在庫数はD列に入力されている」というシート上の表の配置についての情報をChatGPTに明確に伝えることができます。

ポイント2　見出しを付けて情報を整理する

ChatGPTに複雑で長い指示をする場合、見出しを付けて情報を整理することで、要件をより正確に伝えられます。

例えば、先ほどのケースを例に、プロンプトを作成すると以下のようになります。

プロンプト（命令文）の例：

```
### 命令 ###
Excel VBAで、商品在庫をチェックしたいです。
次の要件に沿ってコードを提案してください。

### 要件 ###
・商品別の在庫一覧表があります。
・D列に「在庫数」が入力されています。（例：30,20,50…）
・在庫数が50を下回る商品の個数をカウントし、メッセージボックスで個数を出力
  します。

### 出力形式 ###
・簡潔で具体的なコードを出力してください。
・コードにはコメントも付けてください。
・コードの簡単な説明もお願いします。

### データの例 ###
商品ID商品名　　　　　単価　　在庫数
3001　ビジネスバッグ　5,000　30
3002　スーツケース　　8,000　20
```

```
3003 革財布          3,000 50
3004 折りたたみ傘      1,000 100
3005 タオルセット      1,500 80
```

以上のプロンプトでは、命令／要件／出力形式／データがはっきりと分けて書かれています。複雑な指示をする場合は、このような書き方をすることで、ChatGPTにより適切に情報が伝わるのです。

ChatGPTに送信できるプロンプトには文字数の制限があります。そのため、すべてのデータを貼り付けるのではなく、上記のように最初の5件を例として貼り付ける方法も有効です。なお、上記の例では見出しを「###」で囲っていますが、他の記号を使っても問題ありません。AIが見出しとして認識するように目立たせれば、何の記号でも構わないのです。

補足 Excelから情報を貼り付ける場合は慎重な判断を

「データの例」をChatGPTに貼り付けるかは、慎重に判断しましょう。機密情報や個人情報は貼り付けないでください。なお、Excelからセル範囲をコピーしてChatGPTのプロンプトに貼り付けると、表が半角スペース区切りのテキストとして貼り付けられます（上記の例では、紙面上では読みやすいようにスペースの数を調整しています）。

補足 見出しで情報を整理する方法の重要さ

ChatGPTの開発元であるOpenAIによる公式チュートリアルや、AIの研究機関がリリースした「プロンプトエンジニアリングガイド」というチュートリアルにも、見出しで情報を整理することの重要性が記述されています。

上記の質問をした結果、ChatGPTは目的通りに動作するコードを出力しました。なお、ここではChatGPTのプロンプトの書き方を中心に説明するため、VBAのコードについては解説を省略します。

回答例：

以下は、要件に沿ったExcel VBAコードです。

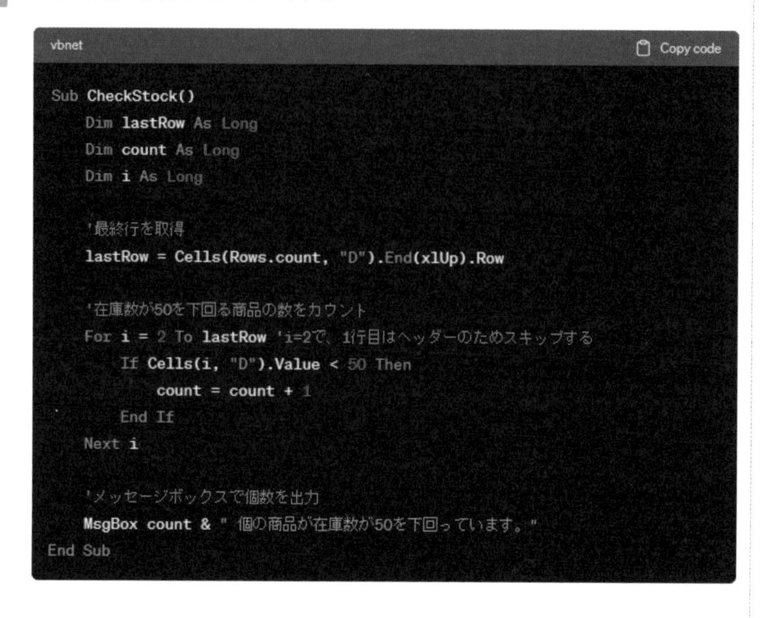

```
vbnet                                                    Copy code

Sub CheckStock()
    Dim lastRow As Long
    Dim count As Long
    Dim i As Long

    '最終行を取得
    lastRow = Cells(Rows.count, "D").End(xlUp).Row

    '在庫数が50を下回る商品の数をカウント
    For i = 2 To lastRow 'i=2で、1行目はヘッダーのためスキップする
        If Cells(i, "D").Value < 50 Then
            count = count + 1
        End If
    Next i

    'メッセージボックスで個数を出力
    MsgBox count & " 個の商品が在庫数が50を下回っています。"
End Sub
```

このコードでは、最終行を取得し、それぞれの行の在庫数を比較して、在庫数が50を下回る商品の数をカウントしています。そして、カウントされた数をメッセージボックスで表示します。

ポイント3　何度も命令してトライ&エラー！

ChatGPTからの1度目の回答が、思ったようなコードでないこともあります。そのようなときは、諦めずにChatGPTに何度も命令してトライ&エラーを繰り返しましょう。そうすることで、目的とする回答に近づけていくことができます。

回答に対し、さらに質問や命令をする例：

「なぜ〜というコードを書くのですか？」

「〜という部分の意味がわかりません。」

「〜というコードについて説明してください。」

要件や出力形式などを追加する例：

「在庫数が 100 を上回る商品の個数も同時にカウントしてください。」

「在庫一覧表は、シート「在庫一覧」にあります。」

「個数をカウントした結果を、シート「集計結果」シートのセル B3 に代入してください。」

正確な情報については、信頼できる情報源を調べよう

ChatGPT は便利なツールですが、必ずしも最も正確な情報を提供してくれるわけではありません。そのため、信頼できる情報源を知っておくことが重要です。VBA の公式ドキュメントやおすすめのサイトを参照することで、より正確な情報を得られることが期待できます（おすすめサイトについては、PART1 1-2「信頼できる情報源の例」を参照ください）。

5/2 ChatGPTからの回答が難しすぎたら?

ChatGPTからの回答が難しすぎたら

ChatGPTの回答が難しすぎたら

- **新入社員**にわかる文章で説明してもらう
- **ステップバイステップ**で説明してもらう
- 難しい構文や用語を置き換えるよう「**制約条件**」を設定する

ChatGPTはときに、VBA初心者にとって難しいコードを提案することがあります。あるいは、コードの説明に難しい用語が使われているかもしれません。そのような場合の対処法について知っておきましょう。

「ステップバイステップで説明してください」

ChatGPTの回答が理解しにくい内容だった場合は、次のように追加でプロンプトを送ってみましょう。

プロンプト（命令文）の例：

○○の部分のコードが理解できません。

ステップバイステップで説明してください。

「ステップバイステップで…」と依頼することで、指定した部分のコードについて段階的に説明してくれます。

ChatGPTがよく使う、難しい構文やプログラミング用語

ChatGPTは、VBA初心者にとっては難しい構文やテクニックを使用することがあります。また、VBA初心者が慣れ親しんだ用語ではなく、プログラミング全般に通じる用語を使うことがあるのです。

以下に、ChatGPTがよく使う、難しい構文やプログラミング用語を一覧で示します。

ChatGPTがよく使う、難しい構文やテクニック：

For Each構文 / オブジェクト変数 / 配列 / Subプロシージャを分割する / Functionプロシージャ

ChatGPTがよく使う、難しい用語：

ループ処理 / ループ変数 / サブルーチン など

「制約条件」を設定し、初心者にわかりやすい回答をさせるプロンプト

難しい構文やテクニックやプログラミング用語を避けるには、ChatGPTに質問をする際、以下の質問文テンプレートを使いましょう。以下の質問文テンプレートでは、ChatGPTに「制約条件」を設けることで、難しい用語やテクニックをできるだけ使わずに回答するようにしています。

また、「VBA初心者の新入社員にもわかりやすいように解説してください。」と記述すれば、わかりやすい言葉による回答が得られます。

プロンプト（命令文）の例：

```
### 質問 ###
Excel VBAで、[ ここに質問や命令を記述してください。]


### 要件 ###
VBA初心者の新入社員にもわかるように解説してください。


### 制約条件1 ###
以下の用語［A］を使う時には、用語［B］に置き換えてください。
［A］ループ処理→［B］繰り返し処理 / ［A］サブルーチン→［B］プロシージャ /［A］
ループ変数→［B］カウンター変数


### 制約条件2 ###
・1つのSubプロシージャで処理を完結するのが望ましいため、動作に問題がなけ
  ればSubプロシージャを2つ以上に分割しないでください。
・1つのSubプロシージャで処理を完結するのが望ましいため、動作に問題がなけ
  ればFunctionプロシージャを定義しないでください。
・セルを連続処理する際は「For Each」の代わりに、「For i = 1 To lastRow」
  のように記述してください。
・シートを連続処理する際は「For Each」の代わりに、「For i = 1 To Sheets.
  Count」のように記述してください。
・ブックを連続処理する際は「For Each」の代わりに、「For i = 1 To
  Workbooks.Count」のように記述してください。
・配列は使用しないでください。
・Workbook変数やWorksheet変数などのオブジェクト変数は使用しないでく
  ださい。
```

補足 「○○しないで」だけでなく「代わりに△△して」も記述するとよい

ChatGPTに制約条件を設けるときには、「○○しないでください」と伝えるだけでなく、「○○する代わりに△△してください」と伝えることで制約条件を守ってもらいやすくなります。つまり、「しないこと」

よりも「すること」を書いた方が有効だということです。

補足 制約条件が無視されたらもう一度命令しよう

制約条件をつけてプロンプトを送信したにも関わらず、ChatGPT はしばしば、それを無視して回答します。その場合は、もう一度続けて制約条件を送信したり、「Regenerate」ボタンを押して回答をもう一度生成させたりしてください。

5/3 ChatGPTがよく使う「オブジェクト変数」を知っておこう

ChatGPTは、VBA初心者にとってやや難しい構文やテクニックを使用することがあります。ChatGPTをフル活用する上では避けては通れない文法もあるため、知識として押さえておくとよいでしょう。

ChatGPTがよく使う「オブジェクト変数」

PART4 の 4-1 で「変数」について学習しました。変数には型があると説明しましたが、ここではオブジェクトを代入できる特殊な変数の「オブジェクト変数」についても触れましょう。

ChatGPT が生成するコードの中には、オブジェクト変数を利用したものが多く含まれます。

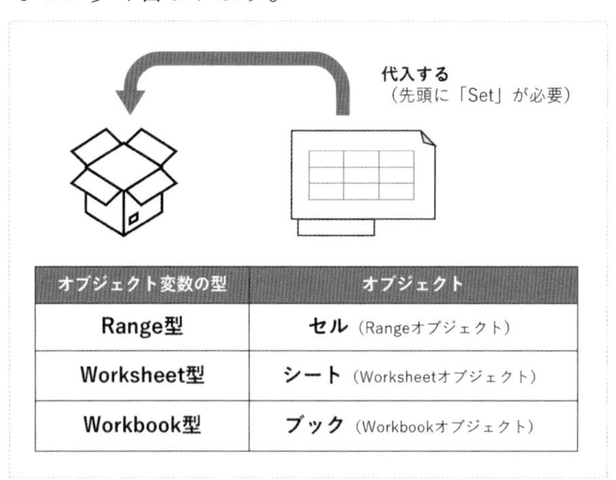

オブジェクト変数の型	オブジェクト
Range型	セル（Rangeオブジェクト）
Worksheet型	シート（Worksheetオブジェクト）
Workbook型	ブック（Workbookオブジェクト）

VBA におけるオブジェクトとは、セルやシート、ブックなどです。それらを代入できる変数は「オブジェクト変数」と呼ばれます。

オブジェクト変数には、代入するオブジェクトごとに異なる型が存在します。例えば、以下のような変数を使用するのです。

・セル（Range オブジェクト）を代入する場合は「Range 型」の変数
・シート（Worksheet オブジェクト）を代入する場合は「Worksheet 型」の変数
・ブック（Workbook オブジェクト）を代入する場合は「Workbook 型」の変数

オブジェクト変数にオブジェクトを代入する際には、以下の形式で記述する必要があります。

書式：

```
Set 変数名 = オブジェクト
```

このとき、文法上の決まりとして、先頭に「Set」を記述しなくてはなりません。

セルを代入するオブジェクト変数の利用例

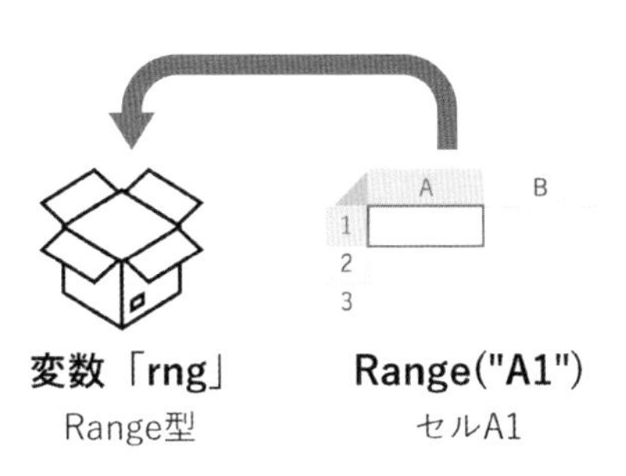

Range 型の変数には、セルを代入できます。変数名としては「rng」や「r」といった名前がよく利用されます。

例えば、以下のコード例では、セル A1 を変数に代入します

コードの例：

```
'オブジェクト変数にセルを代入
```

```
Dim rng As Range
Set rng = Range("A1 ") 'セルを変数に代入

'セルを操作する
rng.Value = 100          '値を代入
rng.Font.Bold = True     '太字にする
rng.Copy Range("B1")     'コピーする
```

まず、「Dim rng As Range」で、Range型の変数「rng」を宣言します。次に、「Set rng = Range ("A1")」で、セルA1を変数rngに代入しています。オブジェクト変数に代入する際は、先頭に「Set」を記述することが必要である点に注意してください。

変数rngにセルA1が代入された後、以下の処理を実行しています。

1. 「rng.Value = 100」で、セルA1に「100」という値を代入する
2. 「rng.Font.Bold=True」で、セルA1のフォントを太字に設定する
3. 「rng.Copy Range("B1")」で、セルA1の内容をセルB1にコピーする

このように、「rng」というオブジェクト変数を使って、セルA1に対する操作を行うことができるのです。

シートを代入するオブジェクト変数の利用例

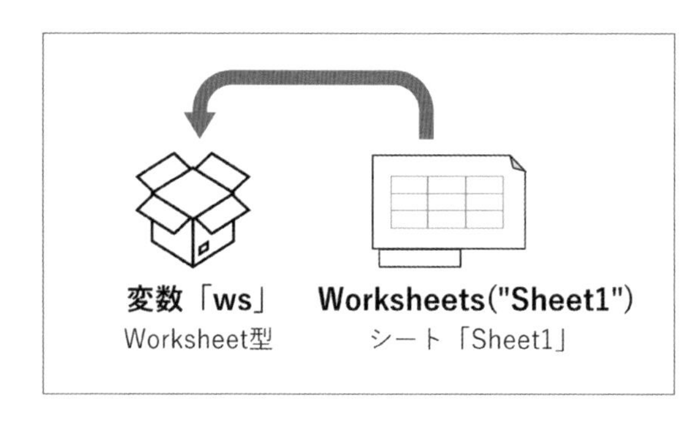

Worksheet型の変数には、シートを代入できます。変数名としては、「ws」、「sheet」、「sh」などがよく利用されます。

例えば、以下の例は、シート名「Sheet1」の操作に関するコードです。

コードの例：

```
'オブジェクト変数にシートを代入
Dim ws As Worksheet
Set ws = Worksheets("Sheet1")  'シートを変数に代入

'シートを操作する
ws.Range("B2").Value = 300     'シートのセルB2に値を代入
MsgBox ws.Name                 'MsgBoxでシート名を出力
ws.Tab.Color = vbRed           'シートのタブの色を赤色に変更
```

まず、「Dim ws As Worksheet」で、Worksheet型の変数「ws」を宣言します。次に、「Set ws = Worksheets ("Sheet1")」で、Sheet1を変数wsに代入しています。

変数wsにSheet1が代入された後、以下の処理を実行しています。

1. 「ws.Range ("B2") .Value = 300」で、シート1のセルB2に「300」という値を代入する
2. 「MsgBox ws.Name」で、シート名（この場合は"Sheet1"）をメッセージボックスに表示する
3. 「ws.Tab.Color = vbRed」で、シートのタブの色を赤色に変更する

このように、「ws」というオブジェクト変数を使って、シート1に対する操作を行うことができます。

ブックを代入するオブジェクト変数の利用例

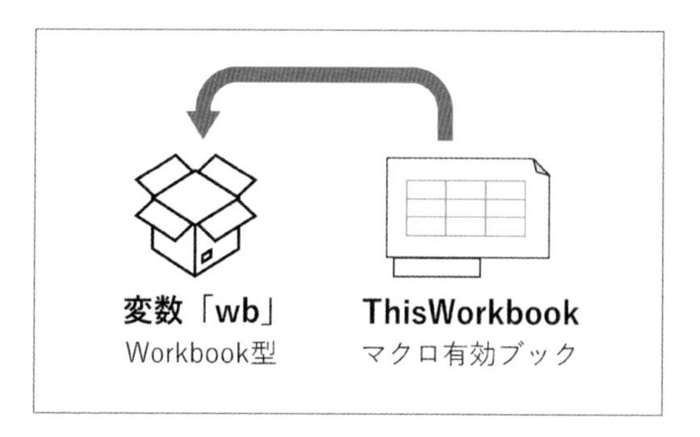

Workbook型の変数には、ブックを代入できます。変数名としては「wb」や「book」といった名前がよく利用されます。

例えば、以下の例は、現在開いているブックの操作に関するコードです。

コードの例：

```
'オブジェクト変数にブックを代入
Dim wb As Workbook
Set wb = ThisWorkbook  'このブック自身を変数に代入

'ブックを操作する
wb.Sheets(1).Activate    'ブックの1番目のシートをアクティブにする
MsgBox wb.Name           'MsgBoxでブック名を出力
MsgBox wb.Path           'MsgBoxでブックの保存場所を出力
```

まず、「Dim wb As Workbook」で、Workbook型の変数「wb」を宣言します。次に、「Set wb = ThisWorkbook」で、マクロ保存ブックを変数wbに代入しています。

変数wbにブックが代入された後、以下の処理を実行しています。

1. 「wb.Sheets(1).Activate」で、現在開いているブックの1番目のシートをアクティブにしている
2. 「MsgBox wb.Name」で、ブック名をメッセージボックスに表示する
3. 「MsgBox wb.Path」で、ブックの保存場所(ファイルパス)をメッセージボックスに表示する

このように、「wb」というオブジェクト変数を使って、ブックに対する操作を行うことができます。

5/4 ChatGPTがよく使う「For Each構文」を知っておこう

ChatGPTがよく使う「For Each構文」

ChatGPTが生成するコードには、よく「For Each構文」が使われています。これは、さまざまなオブジェクトを繰り返し処理する際に非常に便利な構文です。

繰り返し構文としては、PART4の「4-2」で紹介した「For ～ Next構文」もよく使われますが、For Each構文は特に多数のオブジェクトを連続して処理するのに適しています。また、この構文では「オブジェクト変数」を使用します。

For Each構文は、ChatGPTが生成するコードで頻繁に登場するため、しっかりと理解しておきましょう。

イメージで理解するための例

まず、For Each構文による処理をイメージしやすいように、例を挙げましょう。

料理を作る際、すべての食材を集めたとします。調理器具は一度に1つの食材しか入れられないと仮定します。すべての食材を調理するには、

1つずつ順番に調理器具に乗せて、それぞれを調理する必要があります。これが、For Each構文による処理のイメージです。

For Each構文の仕組みを利用することで、以下の処理が可能です。

・シートをすべて連続処理する
・ブックをすべて連続処理する

シートを連続処理するFor Each構文のコード例

シートを1つずつ
変数に代入して
処理を繰り返す
For Each 変数名 In Worksheets
Worksheet型
ブック内の全シート
Next 変数名

For Each構文を利用して、シートをすべて連続処理するコードの型を紹介します。

コードの例：

```
'変数を宣言
Dim 変数名 As Worksheet

'繰り返し
For Each 変数名 In Worksheets
    '変数に代入したシートに対する処理
Next 変数名
```

まず、変数を宣言するために、「Dim 変数名 As Worksheet」と記述します。これは、シートを代入できるWorksheet型のオブジェクト変数ということです。

次に、繰り返し構文について説明します。「For Each 変数名 In Worksheets」と記述します。「For Each」と「In」は、文法的に決まったキーワードです。「In Worksheets」は、ブックに含まれるすべてのシートから1つずつシートを取得するという意味です。構文の末尾には、「Next 変数名」と記述します。変数名は省略し、「Next」とだけ記述することも可能です。

最後に、構文内には、変数に代入されたシートに対する処理を記述します。

では、具体的なコード例をChatGPTに出力させてみましょう。

プロンプト（命令文）の例：

Excel VBAで、全シートのセルA1に"Hello"と入力するコードを教えてください。

For Each 構文を使用してください。

ChatGPTの回答から一部抜粋：

```
Sub HelloToAll()
    Dim ws As Worksheet
    For Each ws In ThisWorkbook.Worksheets
        ws.Range("A1").Value = "Hello"
    Next ws
End Sub
```

上記の回答例のように、ChatGPTがFor Each構文を使ったコードを出力しました。上記の例では、変数名を「ws」として宣言します。また、「For Each ws In Thisworkbook.Worksheets」と記述しています。「Thisworkbook」と記述することで、マクロを保存しているブック自身を指定し、そのブック内のすべてのシートを処理対象にしています。

構文の中の処理内容には「ws.Range（"A1"）.Value = "Hello"」と入力しています。変数「ws」には、1つずつシートが順番に代入されるので、「ws.Range ("A1")」と記述することで、すべてのシートのセルA1に順番に値を代入できます。

ブックを連続処理するFor Each構文のコード例

ブックを１つずつ
変数に代入して
処理を繰り返す
For Each 変数名 In Workbooks
Workbook型
開いている全ブック
Next 変数名

For Each構文を利用して、ブックをすべて連続処理するコードの型を紹介します。

コードの例：

```
'変数を宣言
Dim 変数名 As Workbook

'繰り返し
For Each 変数名 In Workbooks
    '変数に代入したブックに対する処理
Next 変数名
```

まず、変数を宣言するために「Dim 変数名 As Workbook」と記述します。これは、「As Workbook」として、ブックを代入できるWrokbook型のオブジェクト変数を宣言するということです。

次に、繰り返し構文について説明します。「In Workbooks」は、現在開かれているすべてのブックから１つずつブックを取得するという意味です。

最後に、構文内には、変数に代入したブックに対する処理を記述します。

では、具体的なコード例をChatGPTに出力させてみましょう。

プロンプト（命令文）の例：

Excel VBAで、現在開いている全ブックの１番目のシートのセルA2に"Good morning"と入力するコードを教えてください。
For Each構文を使用してください。

ChatGPTの回答から一部抜粋：

```
Sub GoodMorningToA2()
    Dim wb As Workbook
    For Each wb In Workbooks
        wb.Worksheets(1).Range("A2").Value = "Good morning"
    Next wb
End Sub
```

ChatGPTが生成した上記のコードは、For Each構文を使っています。この例では、変数名を「wb」として宣言しています。また、「For Each wb In Workbooks」と記述しています。これにより、開かれているすべてのブックを順番に処理します。

構文の中の処理内容には「wb.Worksheets（1）.Range（"A2"）.Value = "Good morning"」と入力しています。変数「wb」には、1つずつブックが順番に代入されます。そのため、「wb.Worksheets（1）」と記述することで、そのブックの最初のシートを指定できます。

PART

6

マクロを作るために ChatGPTのサポートを受けるコツ

教材ファイル

GPT 命令文

補足動画

この章のサポートページで閲覧できます。
https://excel23.com/chat-vba#part6

アイ子：ここからは、実際に仕事で役立つマクロを作る方法について解説していくわよ！ ChatGPT は、ユーザーの要件に応じて VBA のコードを生成できるの。だから、コードを書く作業の大部分を ChatGPT に任せることも可能よ。

新宮君：すごい！　それなら初心者でも簡単にマクロを作れるんですね？

アイ子：た・だ・し！　ChatGPT にどのようなコードを生成してほしいかの指示を出すのは私たちユーザーよ。指示を出すスキルも重要になるわ。それに、ChatGPT が書いたコードが、必ずしもバグがないとは限らないの。だから、動作確認や修正が必要になることもあるの。

新宮君：なるほど……。ChatGPT に指示を出すスキルや、デバッグが必要なんですね！

6/1 ゼロからChatGPTにコードを書いてもらう

本章では、実際にChatGPTにコードを書いてもらいましょう。

ChatGPTを使ってコードを書く方法は「オート」か「セミオート」

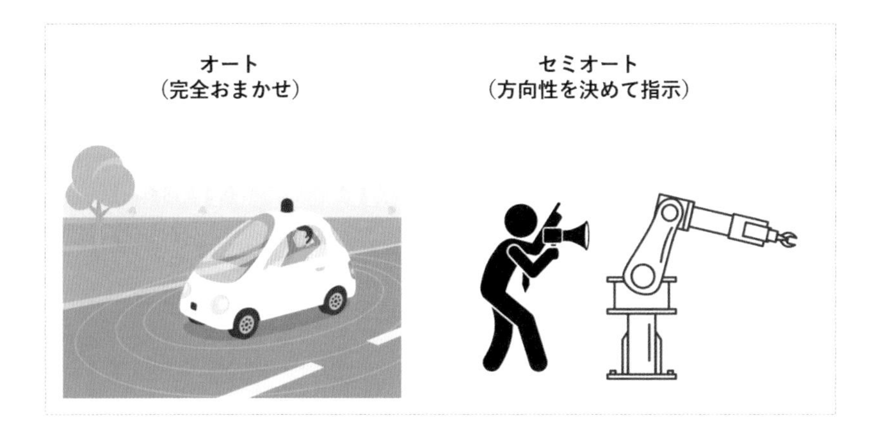

ChatGPT を利用して VBA のコードを作成するには、基本的に２つの方法があります。

１つは、ChatGPT に全てのコードを新たに書いてもらうという方法。もう１つは、ある程度方向性を決めた上で ChatGPT に指示し、コードを書いてもらうという方法です。

まずは、１つ目の方法について説明します。

ChatGPTに要件を伝えて、コードを書かせる

まずは、作りたいVBAのコードの要件をChatGPTに伝えて、コードを生成させましょう。

要件をできるだけ明確に伝えると、要件に沿ったコードを生成できる確率は高くなります。

以下のようなテンプレートを参考に、マクロの要件を明確にしてChatGPTに伝えるとよいでしょう。

プロンプト（命令文）のテンプレート：

Excelで［ マクロの目的 ］を実行するためのマクロを作るため、VBAのコードを生成してください。

現在の状況

・箇条書きで伝える

マクロの目的

・箇条書きで伝える

制約条件

・箇条書きで伝える

このようなテンプレートに沿って、できるだけ明確かつ簡潔に要件をChatGPTに伝えるとよいでしょう。

ChatGPTからヒアリングしてもらい、要件をさらに明確にする

作成したいマクロの要件を明確にするのが難しい場合もあります。そのようなときは、ChatGPTにヒアリングしてもらうことで、要件の明確化を手伝ってもらうことも可能です。例えば、次のようなプロンプトが役に立つでしょう。

プロンプト（命令文）の例：

Excelで［ マクロの目的 ］実行するためのマクロを作りたいです。

最高の結果を得るために、必要な質問があればください。

質問は、新入社員でもわかるくらい簡単な文章でお願いします。

それでは質問をどうぞ。

以上のテンプレートを利用することで、ChatGPTからの質問に答えながら、マクロの要件のアイディアを明確にしていくことができます。

補足 深津式プロンプト

上記のプロンプトにある「最高の結果を得るために、必要な質問があればください。」という部分は、「深津式プロンプト」と呼ばれる手法に基づいています。この手法は、「note」というブログプラットフォームのCXOである深津貴之氏がオンラインセミナーで紹介し、広く知られるようになりました。

では具体例に基づいて、先ほどのプロンプトを試してみましょう。

具体例：

	A	B	C	D	E
1	商品ID	商品名	単価	在庫数	備考
2	3001	ビジネスバッグ	5,000	30	在庫少
3	3002	スーツケース	8,000	20	在庫少
4	3003	革財布	3,000	50	
5	3004	折りたたみ傘	1,000	100	
6	3005	タオルセット	1,500	80	
7	3006	ペンシルスケッチ	500	120	
8	3007	ボールペン	100	200	
9	3008	メモ帳	300	150	
10	3009	コンパクトデジタルカメラ	20,000	15	在庫少
11	3010	スマートフォン	80,000	10	在庫少
12					

在庫数が少ない商品
だけを目立たせる

要件：

『商品在庫の一覧表のうち、在庫数が少ない商品データだけ、「在庫数」のセルを薄い黄色で塗りつぶし、「備考」のセルに「在庫少」という文字列を代入する』という作業を自動化します。

プロンプト（命令文）の例：

Excel で在庫数が少ない商品データを目立たせるというマクロを作りたいです。

最高の結果を得るために、必要な質問があればください。

質問は、新入社員でもわかるくらい簡単な文章でお願いします。

それでは質問をどうぞ。

回答例：

質問ありがとうございます！在庫数が少ない商品を目立たせるためのExcelマクロを作成するために、以下の情報が必要です。

1. 在庫データが格納されているシート名は何ですか？
2. 在庫数が少ないとみなすしきい値（最低在庫数）はいくつですか？
3. 在庫数が少ない商品を目立たせるために、どのような方法で目印をつけたいですか？（セルの色を変える、テキストを太字にするなど）
4. 在庫データのどの列を基準にして在庫数が少ないか判断しますか？商品コード、商品名、または別の列ですか？
5. 在庫数が少ない商品を目立たせる範囲は、在庫データの特定の列のみですか？またはシート全体ですか？

上記の情報を教えていただければ、在庫数が少ない商品を目立たせるためのマクロを作成することができます。

補足 ChatGTP からの回答は生成するたびに変わる

ChatGPT からの回答は、生成するたびに内容が変わることをご理解ください。上記のスクリーンショットは一例を示すものです。

ChatGPT が質問を返してきました。この質問から、マクロを作成するために明確にしておいたほうが良い点がわかります。

1. シート名は何か？
2. 在庫数が少ないとみなす基準は何か？（最低在庫数）
3. 在庫数が少ない商品は具体的にどのような方法で目立たせるか？
4. 在庫数はどの列にあるか？
5. 在庫数が少ない商品はどの範囲を目立たせるか？

以上の質問への回答を ChatGPT に送信してみましょう。

プロンプト（命令文）の例：

1. シート名は「在庫一覧」です。
2. 在庫が 50 個未満であることを基準とします。
3. 「在庫数」列のセルを薄い黄色で塗りつぶし、「備考」列のセルに「在庫少」という文字列を代入します。
4. 「在庫数」は D 列、「備考」列は E 列にあります。
5. D 列と E 列を目立たせます。

上記のように、ChatGPT に質問されたことに対して、順番に、簡潔かつ明確に回答するとよいでしょう。

すると、ChatGPT は、指定された条件に基づいた VBA のコードを出力しました。なお、ここではプロンプトの書き方の説明に注力するため、VBA のコードについての解説は省略します。

回答例：

了解しました。以下に、指定された条件に基づいて在庫数が少ない商品を目立たせるためのExcelマクロのコードを示します。

vba　Copy code

```vba
Sub HighlightLowStock()
    Dim ws As Worksheet
    Dim lastRow As Long
    Dim stockRange As Range
    Dim cell As Range

    ' シート名を指定
    Set ws = ThisWorkbook.Sheets("在庫一覧")

    ' 最終行を取得
    lastRow = ws.Cells(ws.Rows.Count, "D").End(xlUp).Row

    ' 在庫数が少ない商品を目立たせるためのループ処理
    Set stockRange = ws.Range("D2:D" & lastRow) ' 在庫数の範囲を指定
    For Each cell In stockRange
        If cell.Value < 50 Then ' 在庫数が50未満の場合
            ' 在庫数のセルを薄い黄色に塗りつぶし
            cell.Interior.Color = RGB(255, 255, 153) ' 薄い黄色

            ' 備考のセルに「在庫少」という文字列を代入
            ws.Cells(cell.Row, "E").Value = "在庫少"
        End If
    Next cell
End Sub
```

以上のように、最初にChatGPTからヒアリングしてもらうことで、マクロを作るために必要な要件を明確にする手助けをしてもらうことが可能です。その結果、最終的にChatGPTが出力するVBAのコードが、より要件に沿った内容になることが期待できるのです。

6/2 ある程度の方向性を決めてからChatGPTにコードを書いてもらう

6-1では、ChatGPTに要件を伝えてゼロからコードを生成させる方法を紹介しました。6-2では、ある程度の方向性を決めてからChatGPTにコードを生成させる方法を解説します。

方法1　序盤だけ書く	方法2　全体の流れを書く
 **序盤は書いた**ので、残りのコードを書いてください	 **コメントで全体の流れを書いた**ので、それに沿ってコードを書いてください
Sub 在庫チェック() Dim 在庫数 As Long Dim 行数 As Long End Sub	Sub 在庫チェック() Dim 在庫数 As Long Dim 行数 As Long '表の最終行を取得する '表の最終行までくり返し '在庫数<50ならば '黄色で塗りつぶす ⋮

セミオートでは主に、以下の2つの方法を使います。

- 方法１　プロシージャ名や変数名などを設定してコードを生成させる
- 方法２　コメントなどで全体の流れを書いてコードを生成させる

方法1　プロシージャ名や変数名などを設定してコードを生成させる

方法1では、プロシージャ名や変数名などを設定してから、ChatGPTにコードを生成させます。6-1で例に挙げた、在庫数が少ない商品データを目立たせるという事例に基づいて解説しましょう。

まずは以下のように、プロシージャ名を「在庫チェック」、変数名を「在庫数」と設定して、その他は空白にした状態のコードを記述します。

コードの例：

```
Sub 在庫チェック1()


    Dim 在庫数 As Long
    Dim 行数 As Long


End Sub
```

上記のコードをChatGPTへのプロンプト（命令文）に添付します。

プロンプト（命令文）の例：

```
Excelで 在庫が少ない商品データを目立たせる というマクロを作るため、VBAの
コードを生成してください。


### 現在の状況 ###
・シート名は「在庫一覧」です。
・D列に「在庫数」、E列に「備考」があります。


### マクロのゴール ###
・在庫数が50個未満であることを基準にします。
・在庫数が少ない場合、D列のセルを薄い黄色で塗りつぶします。
・在庫数が少ない場合、E列のセルに「在庫少」という文字列を代入します。


### 制約条件 ###
・配列やその他の難しい文法を用いないでください。


### コードを完成させてください ###
（上記のコードをコピーしてここに貼り付ける）
```

「制約条件」では、「配列やその他の高度な文法を使用しないでください。」と指定しました。VBA 初心者を考慮に入れて、「配列」などの上級者向けの文法は避け、コードを生成するように求めているのです。

回答例：

```vba
Sub 在庫チェック()
    Dim 在庫数 As Long
    Dim 行数 As Long

    ' 「在庫一覧」シートをアクティブにする
    Sheets("在庫一覧").Activate

    ' データの最終行を取得
    行数 = Cells(Rows.Count, 4).End(xlUp).Row

    ' 在庫数が50未満の場合の処理
    For i = 2 To 行数
        在庫数 = Cells(i, 4).Value

        If 在庫数 < 50 Then
            ' 在庫数が少ない場合のセルの書式設定
            Cells(i, 4).Interior.Color = RGB(255, 255, 153) ' 薄い黄色で塗りつ
            Cells(i, 5).Value = "在庫少" ' 「在庫少」という文字列を代入
        End If
    Next i
End Sub
```

上記のように、ChatGPT は残りのコードが完成された結果を出力しました。コードには、指定したプロシージャ名や変数名が使用されています。

方法2　コメントなどで全体の流れを書いてコードを生成させる

より明確にコードの流れを設定した上で、ChatGPT にコードを生成させることも可能です。例えば、以下のようなコードを記述します。

コードの例：

```
Sub 在庫チェック2()
    Dim 在庫列 As Long  '在庫数の列番号
    Dim 備考列 As Long  '備考の列番号
    在庫列 = 4
    備考列 = 5

    '表の最終行を取得する
    Dim lastRow As Long

    '表の最終行までくり返し
        '在庫数<50ならば
            '在庫数セルを薄い黄色に塗りつぶす
            '備考セルに"在庫少"と代入

End Sub
```

上記の通り、コメントで処理の流れを記述しました。

この方法では、プロンプトだけで命令するよりも、より具体的にChatGPTに要件を伝えることが可能です。また、「在庫列 = 4」「備考列 = 5」のように変数を用いて記述することで、「在庫」の列が4列目（D列）、「備考」の列が5列目（E列）であることを明確に示すことができます。

上記のコードを使って、ChatGPTにプロンプトを送りましょう。

プロンプト（命令文）の例：

```
Excelで 在庫が少ない商品データを目立たせる というマクロを作るため、VBAのコードを生成してください。

### 現在の状況 ###
・シート名は「在庫一覧」です。
・D列に「在庫数」列、E列に「備考」列があります。
```

マクロのゴール
・在庫数が 50 個未満であることを基準にします。
・在庫数が少ない場合、D 列のセルを薄い黄色で塗りつぶします。
・在庫数が少ない場合、E 列のセルに「在庫少」という文字列を代入します。

制約事項
・配列やその他の難しい文法を用いないでください。

コードを完成させて下さい
[※上記のコードをコピーしてここに貼り付ける]

回答例：

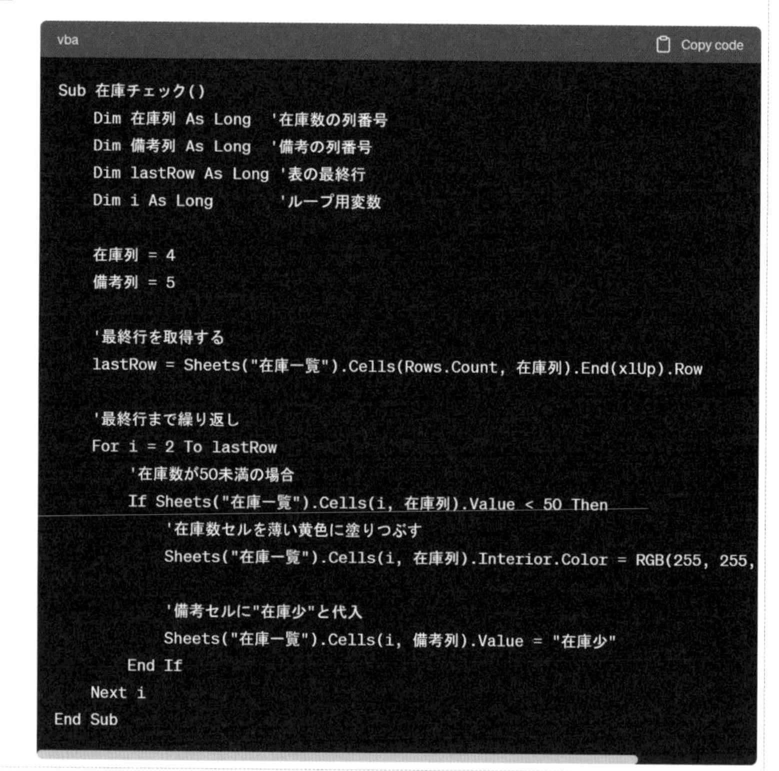

以下は、要求された条件に基づいて在庫チェックマクロを作成したVBAコードです。

vba Copy code

```vba
Sub 在庫チェック()
    Dim 在庫列 As Long  '在庫数の列番号
    Dim 備考列 As Long  '備考の列番号
    Dim lastRow As Long '表の最終行
    Dim i As Long       'ループ用変数

    在庫列 = 4
    備考列 = 5

    '最終行を取得する
    lastRow = Sheets("在庫一覧").Cells(Rows.Count, 在庫列).End(xlUp).Row

    '最終行まで繰り返し
    For i = 2 To lastRow
        '在庫数が50未満の場合
        If Sheets("在庫一覧").Cells(i, 在庫列).Value < 50 Then
            '在庫数セルを薄い黄色に塗りつぶす
            Sheets("在庫一覧").Cells(i, 在庫列).Interior.Color = RGB(255, 255,

            '備考セルに"在庫少"と代入
            Sheets("在庫一覧").Cells(i, 備考列).Value = "在庫少"
        End If
    Next i
End Sub
```

以上のように、ChatGPTはこちらがコメントで指定した処理の流れに沿ってコードを完成させました。このように、あらかじめ処理の流れをイメージできている場合、その要件をコメントで記述してChatGPTに伝えるのは、有効な手段の1つと言えるでしょう。

6/3 新しい機能を追加するためのコードを書いてもらう

いったん完成したマクロに、新しい機能を追加したいこともあります。そのような時は、ChatGPTに要件を伝えることで、新たなコードを書いてもらうことができます。

ChatGPT にコードを書いてもらったチャット画面上で、そのまま続けて機能追加してもらう場合は、以下のように要件だけを伝えることができます。

プロンプト（命令文）の例：

「次のような機能を追加したいと思います。コードを提案してください。
[追加したい機能を箇条書きで列挙する]

新しいチャット画面で ChatGPT に要件を伝え直す場合は、以下のように現在のコードを貼り付けながら要件を伝えた方がよいでしょう。

プロンプト（命令文）の例：

以下のマクロに、次のような機能を追加したいと思います。コードを提案してください。

要件
[追加したい機能を箇条書きにする]

コード
[現在のコードを貼り付ける]

具体的な例

では具体例に基づいて、このプロンプトを試してみましょう。

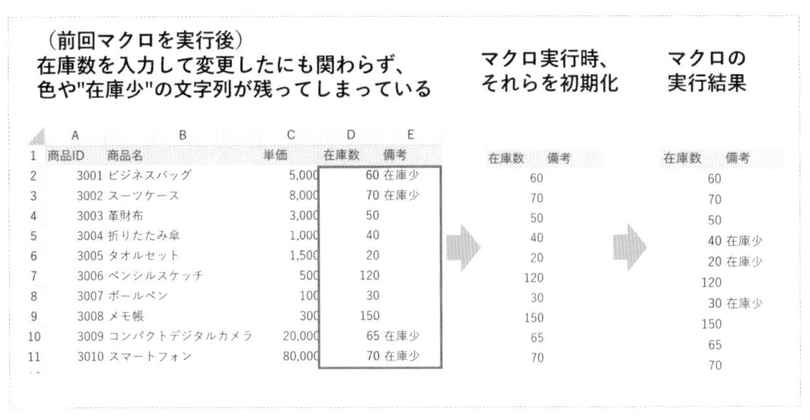

実は、6-1～6-2で作成したマクロには問題があります。同じシートに対してマクロを何度も実行すると、ユーザーが在庫数を入力して値を変更したとしても、前回マクロによって適用されたセルの塗りつぶしの色や、備考欄に「在庫少」という記述が残ってしまうのです。そのため、2回目以降にマクロを実行するときには、それらを初期化した上で、処理を実行する必要があります。つまり、マクロには「初期化」の機能が必要なのです。

そこで、上記のマクロに初期化の機能を追加するためのコードをChatGPTに提案してもらいましょう。以下のプロンプトをChatGPTに送ります。

プロンプト（命令文）の例：

以下のExcel VBAのコードに、次のような機能を追加したいと思います。コードを提案してください。

要件

・マクロ実行直後、D列の塗りつぶしの色をクリアする初期化処理

・マクロ実行直後、E列のセルの値をクリアする初期化処理

コード
[現在のコードを貼り付ける]

回答例：

以下は、要件に基づいて追加されたコードです。

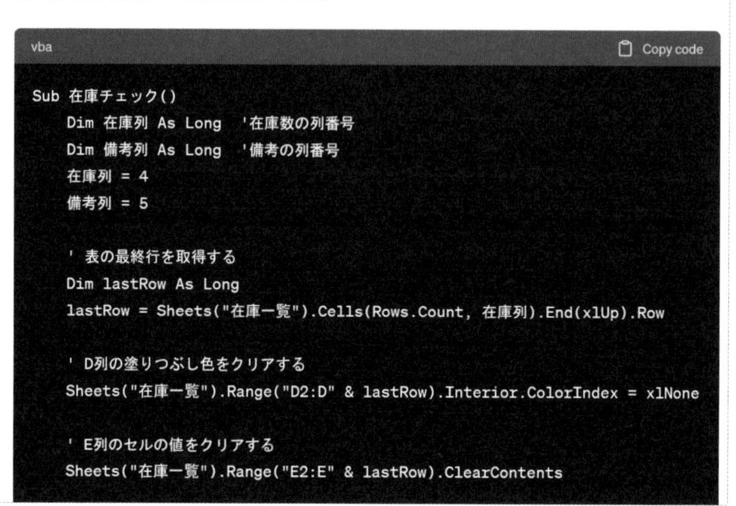

以上のように、ChatGPT は、要件に基づいてコードに修正を加えた結果を返します。今回の回答例では、以下のコードが挿入されました。

コードの例：

```
' D 列の塗りつぶし色をクリアする
Sheets(" 在 庫 一 覧 ").Range("D2:D" & lastRow).Interior.ColorIndex = 
xlNone

' E 列のセルの値をクリアする
Sheets(" 在庫一覧 ").Range("E2:E" & lastRow).ClearContents
```

このコードにより、D 列の塗りつぶしの色や、E 列のセルの値をクリアし、前回マクロを実行した後の結果を初期化する機能が追加されました。

元のコードと、ChatGPTが改変した後のコードを比較する

ChatGPTにコードの改善や機能追加を繰り返し依頼していると、元のコードとChatGPTが修正した後のコードの間にどのような変化があったのかがわかりにくくなることがあります。そういった場合は、ChatGPTに「元のコードと変更した箇所はどこですか？」と質問することで、具体的な回答が得られます。

さらに、変更前後のコードを詳細に比較する上では、「Diff（テキスト比較ツール）」のようなツールを使用するのもおすすめです。

以下は、Diffを用いてコードの変更前後を比較した結果の一例です。

コードの変更前後を比較した結果の例：

比較(Diff)結果: 相違点あり 差分の背景が緑色になります。

```
Sub 在庫チェック()
    Dim 在庫列 As Long  '在庫数の列番号
    Dim 備考列 As Long  '備考の列番号
    在庫列 = 4
    備考列 = 5

    '表の最終行を取得する
    Dim lastRow As Long
    lastRow = Sheets("在庫一覧").Cells(Rows.Count, 在庫
列).End(xlUp).Row

    '表の最終行までくり返し







    Dim i As Long
    For i = 2 To lastRow
        '在庫数<50ならば
        If Sheets("在庫一覧").Cells(i, 在庫列).Value < 50 Then
            '在庫数セルを薄い黄色に塗りつぶす
            Sheets("在庫一覧").Cells(i, 在庫
列).Interior.Color = RGB(255, 255, 153) '薄い黄色
            '備考セルに"在庫少"と代入
            Sheets("在庫一覧").Cells(i, 備考列).Value = "在庫少"
        End If
    Next i
End Sub
```

```
Sub 在庫チェック()
    Dim 在庫列 As Long  '在庫数の列番号
    Dim 備考列 As Long  '備考の列番号
    在庫列 = 4
    備考列 = 5

    '表の最終行を取得する
    Dim lastRow As Long
    lastRow = Sheets("在庫一覧").Cells(Rows.Count, 在庫
列).End(xlUp).Row

    'D列の塗りつぶし色をクリアする
    Sheets("在庫一
覧").Range("D2:D" & lastRow).Interior.ColorIndex = xlNone

    'E列のセルの値をクリアする
    Sheets("在庫一覧").Range("E2:E" & lastRow).ClearContents

    '表の最終行までくり返し
    Dim i As Long
    For i = 2 To lastRow
        '在庫数<50ならば
        If Sheets("在庫一覧").Cells(i, 在庫列).Value < 50 Then
            '在庫数セルを薄い黄色に塗りつぶす
            Sheets("在庫一覧").Cells(i, 在庫
列).Interior.Color = RGB(255, 255, 153) '薄い黄色
            '備考セルに"在庫少"と代入
            Sheets("在庫一覧").Cells(i, 備考列).Value = "在庫少"
        End If
    Next i
End Sub
```

ChatGPTによって変更されたテキスト部分の背景が緑色で表示されています。

このように、Diffツールを使用することで、ChatGPTがどこをどのように変更したのかを具体的に確認できます。

なお、上記の例で使ったDiffは、ブラウザ上で無料で利用できるツールです。

https://tool-taro.com/diff/

Diff にはこの他にも、ブラウザ上で利用できるものから、PC にインストールして利用するものまで様々なツールが存在します。自分の作業スタイルに合ったものを選んで利用するとよいでしょう。

6/4 ChatGPTが書いたコードを動作確認する

ChatGPTが生成したコードをそのままコピーして貼り付けて実行しても、エラーが発生することがあります。そのような状況に備える上では、マクロの動作確認の方法を知っておくことが重要です。

コードを動作確認したり、見つかったエラーを修正したりすることは「デバッグ」と呼ばれます。VBAにはデバッグに役立つ便利な機能が豊富に用意されています。ここでは、以下のデバッグ機能について解説します。

	デバッグ機能	内容
1	ステップイン	コードを1行ずつ停止しながら実行する
2	ブレークポイント	コードの実行を特定の場所で一時停止する
3	ローカルウィンドウ	コードの一時停止中に、変数の値などを確認する
4	イミディエイトウィンドウ	コードの実行記録（ログ）などを出力する

1　ステップイン（コードを1行ずつ停止しながら実行する）

「ステップイン」は、コードを1行ずつ停止しながら実行するデバッグ機能です。例えば、以下のコードをデバッグする場合について考えてみましょう。

コードの例：

```
Sub 合計を計算1()
    Dim x As Long
    Dim y As Long
    Dim sum As Long
```

```
    x = 5
    y = 10
    sum = x + y

    MsgBox "合計は " & sum
End Sub
```

ステップインを使用して1行ずつコードを実行し、各変数の値が正しく計算されているかを確認することができます。

ステップインを使用する方法は以下の通りです。

[操作1] 実行したいプロシージャ（Sub ～ End Subの間）をクリックして、カーソルを移動しておく。

[操作2]「デバッグ」メニューの「ステップ イン」をクリックするか、キーボードのF8キーを押す。

```
⇨ Sub 合計を計算()
      Dim x As Long
      Dim y As Long
      Dim sum As Long

      x = 5
      y = 10
      sum = x + y

      MsgBox "合計は " & sum
  End Sub
```

これにより、プロシージャの先頭行がハイライトされ、コードが一時停止状態になる。

[操作3] さらに［操作2］と同じ操作をくり返し、コードを1行ずつ実行していく。

```
Sub 合計を計算()
    Dim x As Long
    Dim y As Long
    Dim sum As Long
                                  ここまで
⇨   x = 5                         実行済み
    y = 10
    sum = x + y

    MsgBox "合計は " & sum
End Sub
```

このまま「▶」ボタンをクリックすると、残りのコードをプロシージャの最後まで一気に実行できる（キーボードのF5キーでも同様）。

補足 ステップイン中の操作について

「Dim x As Long」など変数の宣言文は一時停止されずにスキップされます。また、メッセージボックスが出力された場合は「OK」ボタンを押します。

[操作4] プロシージャの最後の「End Sub」がハイライトされた状態で [操作2] を実行すると、マクロの実行が終了する。

```
Sub 合計を計算()
    Dim x As Long
    Dim y As Long
    Dim sum As Long

    x = 5
    y = 10
    sum = x + y

    MsgBox "合計は " & sum
⇨ End Sub
```

補足 ステッピイン中に変数の値を表示できる機能

ステッピインでコードの停止中に、変数名にマウスカーソルを重ねると、その変数の値がポップアップで表示されます。この機能は、変数の値を素早く確認したいときに便利です。

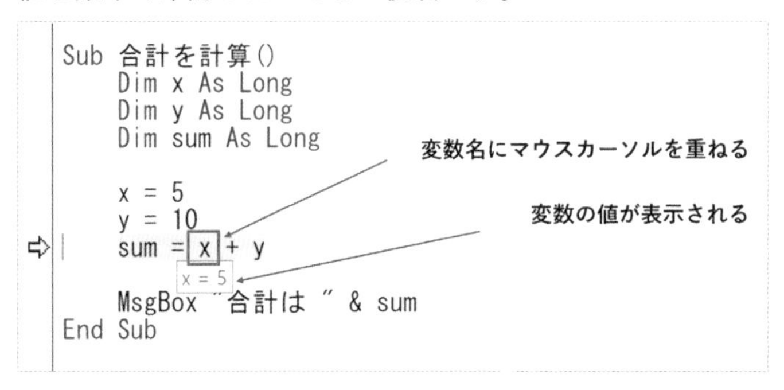

2 ブレークポイント（コードの実行を特定の場所で一時停止する）

「ブレークポイント」は、コードの実行を特定の場所で一時停止する機能です。

ブレークポイントを使用する方法は以下の通りです。

[操作1]コードウィンドウの左側の余白をクリックする。または、ブレークポイントを設定したい行をクリックしてカーソルを表示させた状態で、キーボードのF9キーを押す。

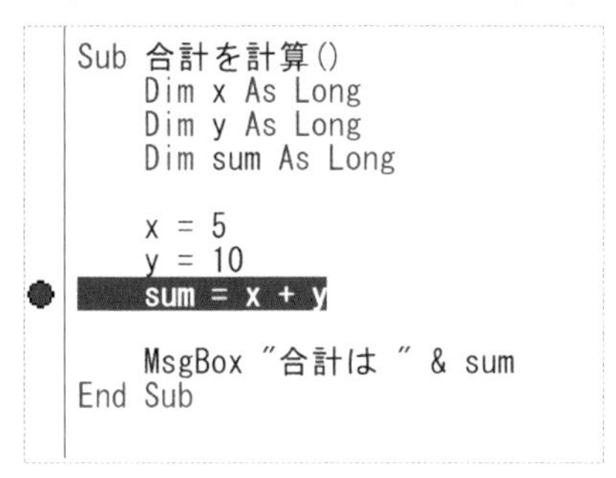

上記のように、ブレークポイントが設定された行には左側に「○」が

表示され、行が赤くハイライトされる。

補足〉ブレークポイントを解除するには?

ブレークポイントの設定を解除したいときは、[操作1]と同じ操作を行います。

[操作2] Sub/ユーザーフォームの実行ボタン(▶)をクリックするか、キーボードのF5キーを押す。

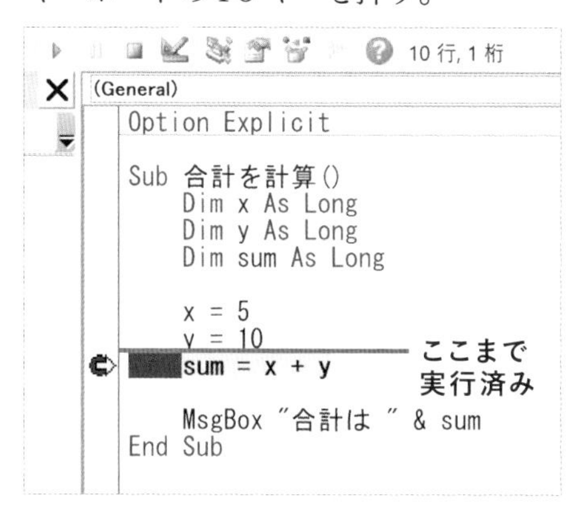

これによりコードが実行されるが、ブレークポイントの行で一時停止される。

補足〉ブレーク中の操作はステップインと同様

一時停止中の操作方法は、「ステップイン」と同様です。F8キーを押すことで、ステップインを使って1行ずつ停止しながらコードを実行できます。変数名にマウスカーソルを重ねると、変数の値がポップアップ表示されます。また、このまま「▶」ボタンをもう一度クリックすると、残りのコードをプロシージャの最後まで一気に実行できます(キーボードのF5キーでも同様です)。

3　ローカルウィンドウ（変数の値などを確認する）

ローカルウィンドウは、コードが一時停止している間に変数の値などを確認する機能です。「ステップイン」や「ブレークポイント」と併用すると便利です。

ローカルウィンドウの使用方法は以下の通りです。

[操作1]「表示」メニューの「ローカル ウィンドウ」をクリックして、ローカルウィンドウを表示させる。

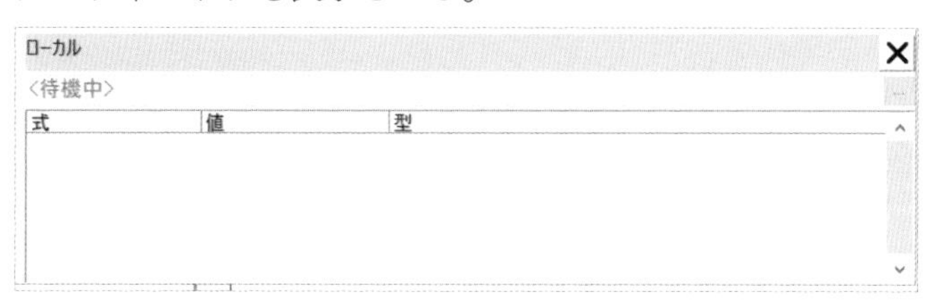

補足〉ローカルウィンドウの表示場所について

通常、ローカルウィンドウはコードウィンドウの下部に表示され、ドラッグで移動したり、拡大縮小したりすることが可能です。

[操作2] ステップインやブレークポイントを使用してコードを一時停止にし、その状態でローカルウィンドウを確認する。

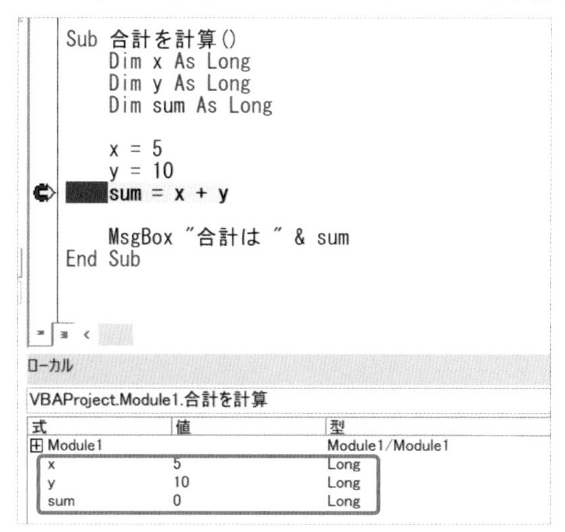

上記は、「sum = x + y」という行にブレークポイントを設定してマクロを実行した結果、その行で一時停止になっている状態。ローカルウィンドウには、1列目に変数の名前（「x」「y」「sum」）、2列目に値（「5」「10」「0」）、3列目に変数の型（「Long」）が表示されている。

以上のように、ステップインやブレークポイントと併用してローカルウィンドウを使うと、コードを実行しながら変数の値を確認できます。

4　イミディエイトウィンドウ（コードの実行ログなどを出力する）

イミディエイトウィンドウは、コードの実行記録（ログ）を出力したり、その他の様々な用途で利用したりできる機能です。VBAのデバッグでは、「Debug.Print」というコードと併用すると非常に役立ちます。イミディエイトウィンドウの使用方法は以下の通りです。

[操作1]「表示」メニューの「イミディエイト ウィンドウ」を選択するか、Ctrl+Gキーを押す。

これで、イミディエイトウィンドウが表示される。

[操作2] コードの任意の行に、「Debug.Print」というコードを記述する。例えば、「Debug.Print 変数名1（,変数名2,...)」と入力することで、変数の値をイミディエイトウィンドウに出力できる。
次のように、先ほどのサンプルコードに追記してみる。

追記後のコードの例：

```
Sub 合計を計算 2()
    Dim x As Long
    Dim y As Long
    Dim sum As Long

    x = 5
    y = 10

    Debug.Print x, y        ' ←追記した部分

    sum = x + y

    MsgBox " 合計は " & sum
End Sub
```

上記のコードでは、「Debug.Print x, y」と入力することで、変数 x と y の値をイミディエイトウィンドウに出力する。

［操作 3］ステップインでコードを 1 行ずつ実行し、「Debug.Print」を実行させる。

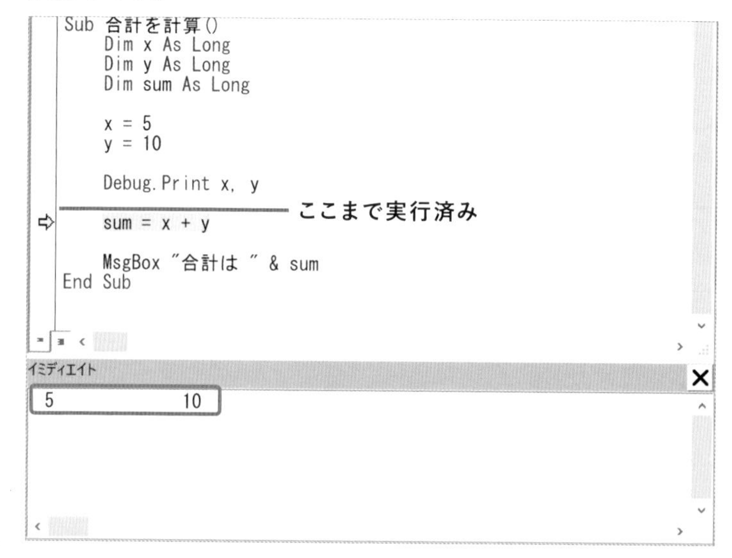

上記は、ステップインで1行ずつコードを実行し、「Debug.Print x, y」の次の行で一時停止させている。イミディエイトウィンドウに、「5」「10」と出力されている。これは、変数xとyの値がそれぞれ出力されたことを意味する。

以上のようにイミディエイトウィンドウを利用することで、コードの実行記録を出力したり、変数の値を出力したりすることができます。

補足 イミディエイトウィンドウの結果を削除する方法

イミディエイトウィンドウの出力結果を削除するには、「メモ帳」で文字列を削除するのと同様の方法を使用します。イミディエイトウィンドウ内をクリックしてカーソルを表示させ、Ctrl+Aキーですべての文字列を選択し、Deleteキーを押すことで削除できます。

ChatGPTに「テストケース」を提案させ、抜けや漏れのないデバッグを行う

たとえコードの動作確認を十分に行ったとしても、自分が想定していなかったバグが発生する可能性はあります。そこで、ChatGPTに「テストケース」を提案させる方法を紹介します。テストケースとは、プログラムの動作確認を行うために用意する、ユーザーの具体的な操作や入力値の組み合わせです。「ユーザーがこのような操作をしたとき、マクロは正常に動作するか？」という観点から多角的にテストすることで、抜けや漏れのないデバッグを実施できます。

プロンプト（命令文）の例：

以下のExcel VBAのコードについて、テストケースを提案してください。

[コードをコピーしてここに貼り付ける]

回答例：

このVBAコードは、"在庫一覧"という名前のシートで在庫数のチェックを行います。在庫数が50未満の場合に、在庫数のセルの背景色を薄い黄色に変更し、備考セルに"在庫少"と表示します。

以下は、このVBAコードのテストケースの提案です。

1. 在庫数が50未満のデータが1つ存在する場合:
   - "在庫一覧"シートに在庫数が49のデータを作成し、テストを実行します。在庫数セルの背景色が薄い黄色に変わり、備考セルに"在庫少"と表示されることを確認します。
2. 在庫数が50未満のデータが複数存在する場合:
   - "在庫一覧"シートに在庫数が40のデータを2つ作成し、テストを実行します。それぞれの在庫数セルの背景色が薄い黄色に変わり、備考セルに"在庫少"と表示されることを確認します。
3. 在庫数が50以上のデータの場合:
   - "在庫一覧"シートに在庫数が60のデータを作成し、テストを実行します。在庫数セルの背景色が変わらず、備考セルに何も表示されないことを確認します。
4. 在庫数が50未満のデータが存在しない場合:
   - "在庫一覧"シートに在庫数が60以上のデータを作成し、テストを実行します。在庫数セルの背景色が変わらず、備考セルに何も表示されないことを確認します。

これらのテストケースを使用して、VBAコードの正確性と期待される動作を確認できます。

以上のように、ChatGPTは、提供されたコードが期待する動作を解釈し、具体的なテストケースを提案します。これらのテストケースを参考に、マクロの動作確認を効果的に実施できるのです。

6/5 エラーについてChatGPTに質問する

コードの動作確認時、エラーが発生することは珍しくありません。そのため、エラーの原因を特定し、解決策を見つけ出す能力は非常に重要となります。ChatGPTはこうしたエラーの原因を解明し、解決をサポートすることができます。エラーが発生したとき、ChatGPTにどのような質問をするべきか、ここでは効果的な回答を得るための方法を紹介します。

具体的なエラーの例

では、具体例に基づいて、エラーの解決方法を考えていきましょう。

エラーが発生したコードの例：

```
Sub 在庫チェック3()
    Dim 商品列 As Long  '商品名の列番号
    Dim 在庫列 As Long  '在庫数の列番号


    '繰り返し
    Dim i As Long
    For i = 2 To 11
        '条件分岐
        If Cells(i, 在庫列).Value < 50 Then
            MsgBox Cells(i, 商品列).Value & "は在庫数が50を下回っています。"
        End If
    Next i
End Sub
```

上記のコードを実行すると、エラーが発生し、以下のようにエラーメッセージが出力されました。

この時、「デバッグ」ボタンをクリックすると、エラーの原因になっている行がハイライトされ、マクロは一時停止状態になります。

```
Sub 在庫チェック()
    Dim 商品列 As Long   '商品名の列番号
    Dim 在庫列 As Long   '在庫数の列番号

    '繰り返し
    Dim i As Long
    For i = 2 To 11
        '条件分岐
        If Cells(i, 在庫列).Value < 50 Then
            MsgBox Cells(i, 商品列).Value & "は在庫数が50を下回っています。"
        End If
    Next i
End Sub
```

多くの場合、エラーの原因はハイライトされた行にあります。ですが、今回の場合、ハイライトされた行のコードが文法的に間違っているわけではありません。

ChatGPTにエラーについて質問する

ChatGPT に質問する前に、先程表示されたウィンドウの情報をまとめておきましょう。

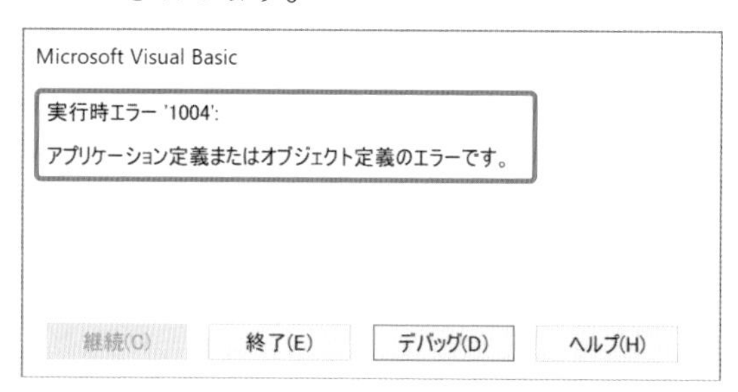

- **エラーコード（番号）：「実行時エラー 1004」**
- **エラーメッセージ：「アプリケーション定義またはオブジェクト定義のエラーです。」**

これらの情報に基づいて、ChatGPT に具体的な質問を投げかけるプロンプトの例を以下に示します。

プロンプト（命令文）の例：

```
Excel VBA で、エラーの原因を教えて下さい。以下が概要です。

・エラーコード（番号）：「実行時エラー 1004」
・エラーメッセージ：「アプリケーション定義またはオブジェクト定数のエラーです。」

### コード全文 ###
Sub 在庫チェック3()
    Dim 商品列 As Long  '商品名の列番号
    Dim 在庫列 As Long  '在庫数の列番号

    '繰り返し
    Dim i As Long
    For i = 2 To 11
        '条件分岐
        If Cells(i, 在庫列).Value < 50 Then
            MsgBox Cells(i, 商品列).Value & "は在庫数が50を下回っています。"
        End If
    Next i
End Sub
```

このように、エラーコードとエラーメッセージを正確に伝えることが重要です。また、コード全文を提供するのも有効です。

回答例：

エラーの原因は、変数「商品列」と「在庫列」が宣言されているものの、初期値が設定されていないためです。これにより、実行時にエラーが発生します。

変数「商品列」と「在庫列」の初期値を設定する必要があります。例えば、商品名の列番号が1である場合は、以下のように修正できます。

```vba
Dim 商品列 As Long  '商品名の列番号
Dim 在庫列 As Long  '在庫数の列番号

' 列番号を設定
商品列 = 1
在庫列 = 2
```

実際の列番号に合わせて適切な値を設定してください。この修正により、エラーが解消されるはずです。

上記のように、貼り付けたコードとエラーメッセージに基づいて、ChatGPTがエラーの原因を推測しました。

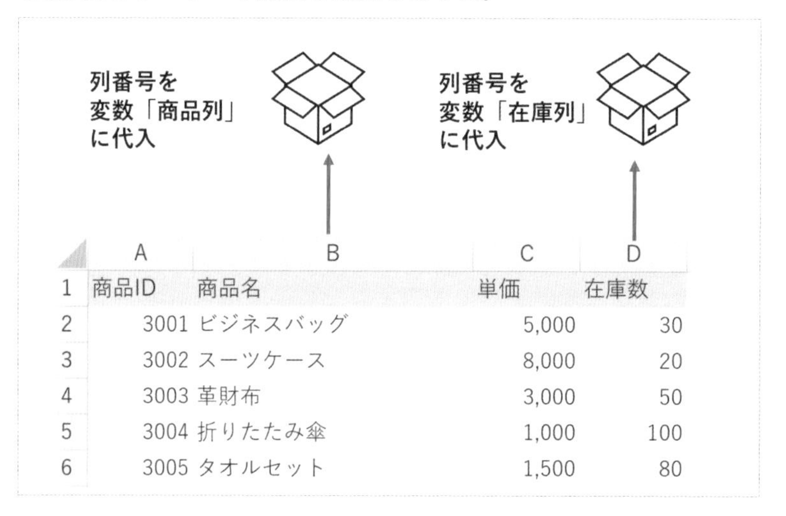

	A	B	C	D
1	商品ID	商品名	単価	在庫数
2	3001	ビジネスバッグ	5,000	30
3	3002	スーツケース	8,000	20
4	3003	革財布	3,000	50
5	3004	折りたたみ傘	1,000	100
6	3005	タオルセット	1,500	80

実は、このコードでは「商品列」「在庫列」という2つの変数が宣言されています。これらの変数には、B列とD列の列番号（それぞれ2と4）を代入する予定でしたが、変数に列番号を代入するコードを記述するのを忘れてしまったため、それぞれの変数は既定値の「0」が代入

されてしまいました。その結果、Cells（i, 在庫列）やCells（i, 商品列）はいずれも「i行0列のセル」を指定し、存在しないオブジェクトを参照したために、エラーが発生したのです。

エラーの原因となるコードを修正し、さらに動作確認する

上記のように、ChatGPTの助けを借りてエラーの原因を特定したら、コードを修正しましょう。修正後は、再度動作確認を行うことが重要です。このプロセスを繰り返すことで、目的に合った、エラーのないマクロを完成させることができます。

6/6 知っておきたい！よくあるエラーの例

VBAのコードを実行する際には、思わぬエラーが発生することもよくあります。そうしたときには、よくあるエラーに関する知識があればあわてずに済むでしょう。ここでは、VBAでよくあるエラーの例をいくつか紹介します。

「実行時エラー 9: インデックスが有効範囲にありません」

存在しないシートやブックを指定しようとしたときに、このエラーが発生します。「インデックス」とは、複数ある要素から1つを指定するための値です。例えば、シートを指定するためにSheets（5）などと入力した場合、「5」がインデックスです。しかし、シートが5つ存在しない場合、このインデックスは有効範囲にないため、エラーの原因となります。

コード例：

```
Sub エラー例1()
    Sheets(5).Range("A1").Value = 100    '5番目のシートが存在しない
End Sub
```

シートやブックのほかにも、「配列」や「コレクション」のインデックスが有効範囲にない場合にもエラーが発生します。

「実行時エラー 11: 0で除算しました」

数値を0で除算（割り算）しようとすると、このエラーが発生します。0で除算することは数学的に無効であり、プログラムではエラーとして扱われます。

コードの例：

```
Sub エラー例2()
    Dim 計算結果 As Double
    計算結果 = 10 / 0        '0で除算することはできない
End Sub
```

「実行時エラー 13: 型が一致しません」

変数に対して、型に合わない値を代入しようとしたことが原因で発生するエラーです。例えば、整数型の「Long」で宣言した変数に対して、文字列を代入しようとするとエラーが発生します。

コードの例：

```
Sub エラー例3()
    Dim 数値 As Long
    数値 = "Hello"    '文字列を代入することはできない
End Sub
```

「実行時エラー 91: オブジェクト変数または With ブロックが設定されていません」

オブジェクト変数に値を代入するとき、先頭に「Set」を記述するのを忘れたり、オブジェクト変数に何も代入していない状態でメソッドやプロパティを利用したりすることが原因で発生するエラーです。

コードの例：

```
Sub エラー例4()
    Dim ws As Worksheet
```

```
    ws.Name = "NewSheet"    '先頭に「Set」を忘れている
End Sub
```

「実行時エラー 438: オブジェクトは、このプロパティまたはメソッドをサポートしていません」

オブジェクトに対して、存在しないプロパティ名やメソッド名を指定したことが原因で発生するエラーです。

コード例：

```
Sub 例題5_6e()
    Range("A1").Valeu = 10   '「.Value」を間違えて記述
End Sub
```

上記はRange（"A1"）に対して、「.Value」と記述するところを「.Valeu」と記述してしまっている例です。そのようなプロパティは存在しないため、エラーの原因になってしまいました。

「実行時エラー 1004: アプリケーション定義またはオブジェクト定義のエラーです」

例えば、Cellsの引数に0を指定したり、タイピングミスにより間違ったコードを書いたりした場合などによく起きるエラーです。

コード例：

```
Sub 例題5_6f()
    Cells(0, 1).Value = 10   '0行目のセルは存在しない
End Sub
```

PART 7

業務に役立つ4つのマクロのレシピ集

教材ファイル

GPT命令文

補足動画

この章のサポートページで閲覧できます。
https://excel23.com/chat-vba#part7

アイ子：ここからは、業務で役立つ4つのマクロを作っていくわよ！

新宮君：いよいよ本番！といった感じですね。どのようなマクロを作るのですか？

アイ子：まずは図形の一括削除など、ChatGPTが簡単なプロンプトでマクロを生成できる処理から始めるわ。そして、だんだんと複雑なプロンプトが必要な処理に進んでいくわよ！

新宮君：なるほど、だんだんとレベルアップしていくわけですね！

アイ子：マクロを作りながら、これまで学習したVBAの基礎を見直すことができるし、まだ学習していない実用的なスキルについても一緒に学んでいきましょう！

7/1 図形を全シートで一括削除するマクロ

本章では、業務に役立つ4つのマクロをChatGPTと一緒に作成しながら、6章までに学習したVBAの基礎を実践するとともに、まだ学習し切れていないVBAの文法や学習事項について知識を深めましょう。まずは、図形やセルの塗りつぶしの色を全シートで一括削除・解除するマクロをChatGPTと一緒に作成する方法を紹介します。

まずは以下のようなシートを例に、マクロの作り方を考えていきましょう。

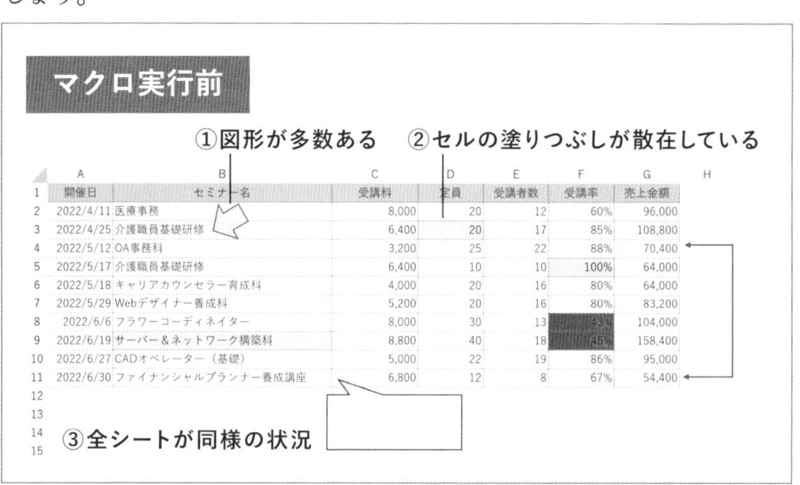

	A	B	C	D	E	F	G
1	開催日	セミナー名	受講料	定員	受講者数	受講率	売上金額
2	2022/4/11	医療事務	8,000	20	12	60%	96,000
3	2022/4/25	介護職員基礎研修	6,400	20	17	85%	108,800
4	2022/5/12	OA事務科	3,200	25	22	88%	70,400
5	2022/5/17	介護職員基礎研修	6,400	10	10	100%	64,000
6	2022/5/18	キャリアカウンセラー育成科	4,000	20	16	80%	64,000
7	2022/5/29	Webデザイナー養成科	5,200	20	16	80%	83,200
8	2022/6/6	フラワーコーディネイター	8,000	30	13	43%	104,000
9	2022/6/19	サーバー＆ネットワーク構築科	8,800	40	18	45%	158,400
10	2022/6/27	CADオペレーター（基礎）	5,000	22	19	86%	95,000
11	2022/6/30	ファイナンシャルプランナー養成講座	6,800	12	8	67%	54,400

マクロ実行後

全シートで図形と塗りつぶしの色がクリアされた

	A	B	C	D	E	F	G
1	開催日	セミナー名	受講料	定員	受講者数	受講率	売上金額
2	2022/4/11	医療事務	8,000	20	12	60%	96,000
3	2022/4/25	介護職員基礎研修	6,400	20	17	85%	108,800
4	2022/5/12	OA事務科	3,200	25	22	88%	70,400
5	2022/5/17	介護職員基礎研修	6,400	10	10	100%	64,000
6	2022/5/18	キャリアカウンセラー育成科	4,000	20	16	80%	64,000
7	2022/5/29	Webデザイナー養成科	5,200	20	16	80%	83,200
8	2022/6/6	フラワーコーディネイター	8,000	30	13	43%	104,000
9	2022/6/19	サーバー＆ネットワーク構築科	8,800	40	18	45%	158,400
10	2022/6/27	CADオペレーター（基礎）	5,000	22	19	86%	95,000
11	2022/6/30	ファイナンシャルプランナー養成講座	6,800	12	8	67%	54,400

①図形が多数配置されているため、削除したい

シート上には矢印や吹き出しなど、様々な図形が配置されています。これらを一括で削除することが、今回作成するマクロの第一の目的です。

②一部のセルが塗りつぶされているため、解除したい

シート上の複数のセルが塗りつぶされています。これらの塗りつぶしを解除することが、今回作成するマクロの第二の目的です。ただし、シートの1行目は表のタイトルとして塗りつぶされているため、この塗りつぶしは解除したくありません。

③全シートが同様の状況なので、一括で削除・解除したい

すべてのシートにおいて同様に図形が配置されており、複数のセルが塗りつぶされています。これらすべてのシートに対して一括で図形を削除し、セルの塗りつぶしを解除したいのです。

これらの目的を達成するマクロをChatGPTとともに作成していきましょう。

プロンプトの例

プロンプト（命令文）の例：

以下の要件を満たす Excel VBA のコードを生成してください。

前提条件

・A 列〜 G 列の範囲に表があります。

要件

・シートに存在するすべての図形を削除する。

・シートの 2 行目〜最終行まで、セルの塗りつぶしの色を解除する。

・上記の処理を全てのシートに行う。

```
### 制約条件 ###
・現在アクティブなブックを処理の対象とする。
```

プロンプトの説明：

- 「### 要件 ###」では、今回のマクロで達成したい結果を箇条書きにしています。「上記の処理をすべてのシートに適用する。」と記述することで、全シートに対して処理を行うことを明示しているのです。
- 「### 制約条件 ###」では、「現在アクティブなブックを処理の対象とする。」と記述しました。これは、VBAが保存されたブック（マクロ有効ブック）だけでなく、他のブックも処理対象にできるように指示を出しています。この制約条件を明示しなければ、ChatGPTは可能性として「ThisWorkbook（マクロ有効ブック）」そのものを処理対象とするコードを生成するかもしれません。そのため、これを避ける目的で明示しているのです。

補足 制約条件が無視された場合

制約条件を指定したにも関わらず、ChatGPTがThisWorkbook（マクロ有効ブック）を対象にするコードを生成することがあります。そのような場合、追加のプロンプトで再度制約条件を明示し、コードを再生成してください。

ChatGPTでコードを生成する

プロンプトを入力すると、ChatGPTは以下のようなコードを作成しました。なお、説明の都合上、コメントに「①,②,③…」という番号を付加しています。また､1行のコードが長い場合は「 _」を挿入してコードを途中改行しています。

コードの例：

```
Sub RemoveShapesAndClearCellColors()
    Dim ws As Worksheet
    Dim shp As Shape
    Dim lastRow As Long

    ' すべてのシートに対して処理を実行する　①
    For Each ws In ActiveWorkbook.Worksheets
        ' シートに存在するすべての図形を削除する　②
        For Each shp In ws.Shapes
            shp.Delete
        Next shp

        ' シートの 2 行目～最終行まで、セルの塗りつぶしの色を解除する　③
        With ws
            .Range("A2:G" & .Cells(.Rows.Count, 1).End(xlUp).Row)_
                .Interior.Pattern = xlNone
        End With
    Next ws
End Sub
```

コードの解説

①すべてのシートに対して処理を実行する

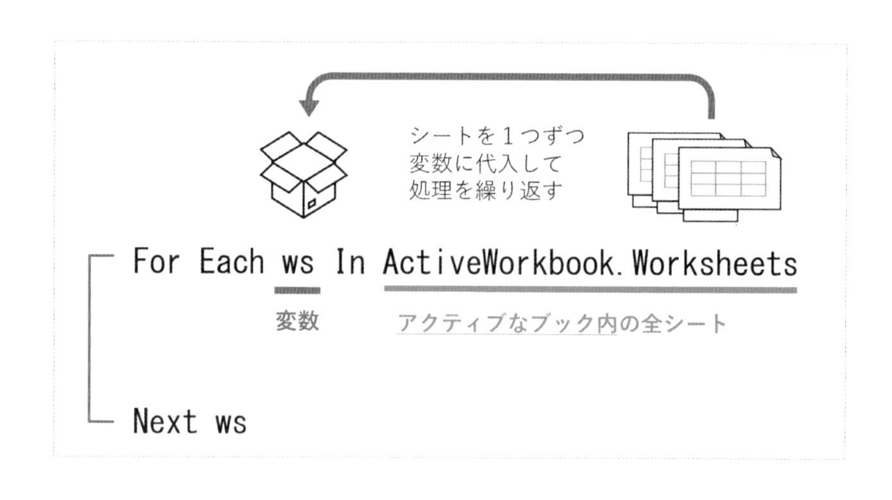

すべてのシートに対して後述の操作を実行するために、以下の For Each 構文を使用しています。

```
For Each ws In ActiveWorkbook.Worksheets
    '処理内容
Next ws
```

変数「ws」は、プロシージャの先頭で「Dim ws As Worksheet」という宣言文で定義されています。For Each 構文を使って、シートが1つずつこの変数に代入されます。

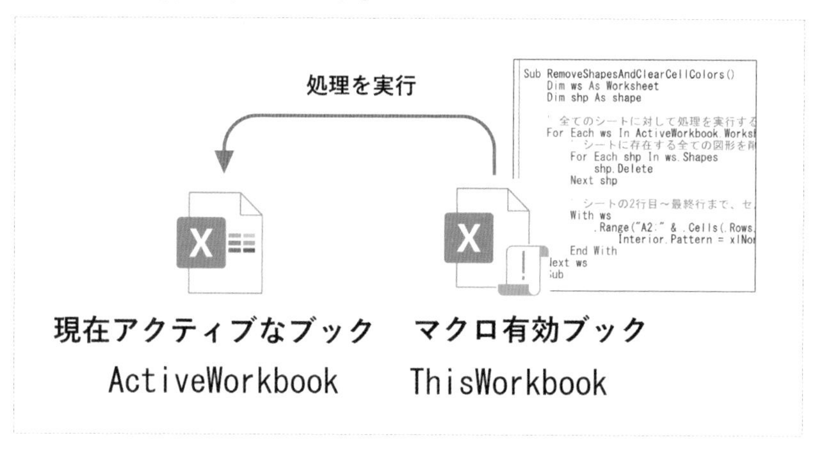

「ActiveWorkbook」は、現在アクティブな（操作対象となっている）ブックを指定します。前述のように、VBAが保存されたブック（マクロ有効ブック）だけでなく、他のブックも処理することが可能なのです。

②シートに存在するすべての図形を削除する

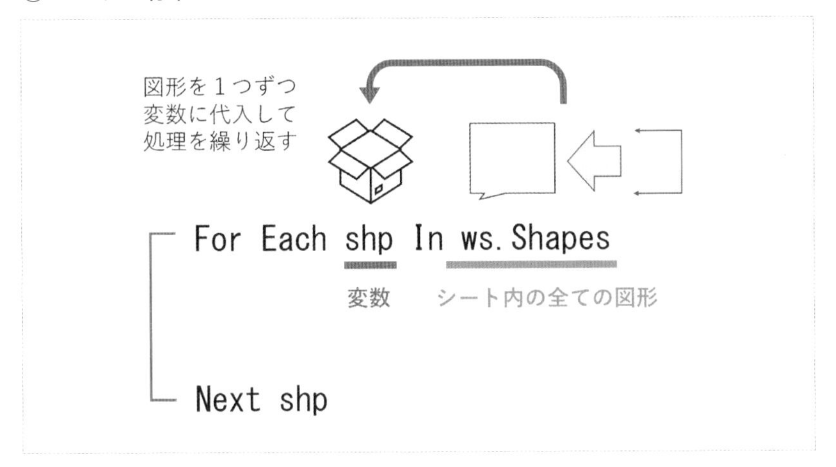
図形を１つずつ
変数に代入して
処理を繰り返す
For Each shp In ws.Shapes
変数
シート内の全ての図形
Next shp

現在のシート（変数ws）に存在するすべての図形を操作するため、以下のFor Each構文を使用しています。

```
For Each shp In ws.Shapes
   shp.Delete
Next shp
```

「shp」は「Shape（図形）」オブジェクトを代入する変数で、プロシージャの冒頭で「Dim shp As Shape」という宣言文で定義されています。For Each構文を使用して、シート上の図形が１つずつこの変数に代入されます。「shp.Delete」は、図形を削除する命令です。

③シートの２行目～最終行まで、セルの塗りつぶしの色を解除する

以下のコードはWith構文で省略形になっています。

```
With ws
  .Range("A2:G" & .Cells(.Rows.Count, 1).End(xlUp).Row). _
      Interior.Pattern = xlNone
End With
```

「With ws」～「End With」に囲われたコードは、「.」以降を記述すれば変数wsに代入されたシートに対する処理となります。

「.Range("A2:" & .Cells(.Rows.Count, 1).End(xlUp).Row)」は少々複雑ですが、最終行を取得するコードの応用形になっています。

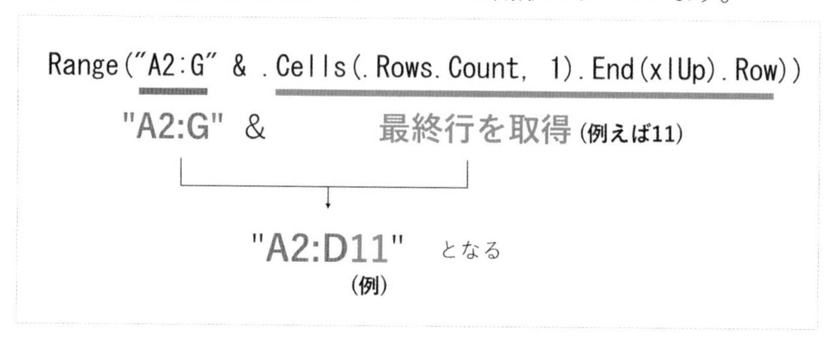

まず、"A2:G"という文字列と、最終行を取得する「.Cells(.Rows.Count, 1).End(xlUp).Row」によって最終行（例えば「11」）を取得し、この2つを「&」で結合しています。その結果、例えば"A2:G11"という文字列になります。つまり、セルA2からD列の最終行までを指定することになるのです。

また、セルの塗りつぶしの色を解除するために「.Interior.Pattern = xlNone」というコードを使用しています。セル範囲の「Interior.Pattern プロパティ」は、セルの塗りつぶしのパターンを操作するためのプロパティです。これに定数「xlNone」を代入することで、塗りつぶしを解除できます。

補足〉定数とは？

「定数」とは、あらかじめ用意された値に、定数名という名前が付けられたものです。コードに定数名を記述すれば、その値を利用できます。変数と似ていますが、変数と違って、定数は一度値を設定したら、後で変更することはできません。

補足〉Excelの手動操作における「塗りつぶしの色の解除」

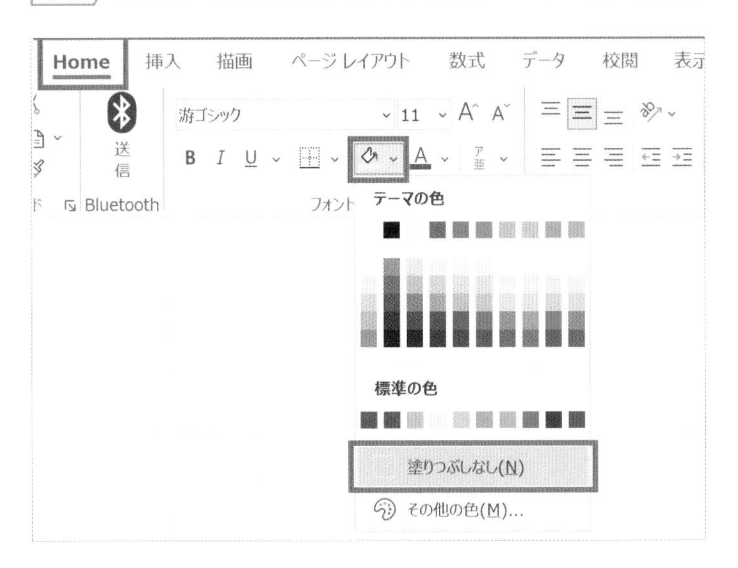

先ほどのコードではセルの塗りつぶしの色を解除するために「Interior.Patternプロパティ」を使用しました。この処理は、Excelを手動操作する際に「Home」タブの「塗りつぶしの色」ボタンを展開し、「塗りつぶしなし」ボタンを選択することに相当します。

7/2 表のスタイルを一瞬で整えるマクロ

ここでは、表の書式を一括で操作するマクロをChatGPTと一緒に作成する方法を紹介します。表の書式の一括操作とは、例えば、罫線や塗りつぶしの色や列幅の調整、セル内で自動的に折り返すことによる長い文章の全文表示といった設定変更です。

次のような在庫管理表を例に、マクロの作り方を見ていきましょう。

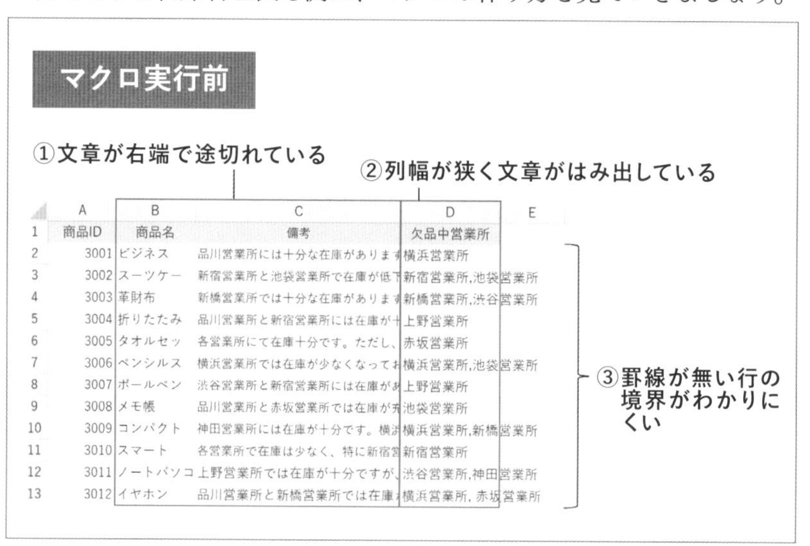

	A	B	C	D	E
1	商品ID	商品名	備考	欠品中営業所	
2	3001	ビジネス	品川営業所には十分な在庫がありま	横浜営業所	
3	3002	スーツケー	新宿営業所と池袋営業所で在庫が低	新宿営業所,池袋営業所	
4	3003	革財布	新橋営業所では十分な在庫がありま	新橋営業所,渋谷営業所	
5	3004	折りたたみ	品川営業所と新宿営業所には在庫が	上野営業所	
6	3005	タオルセッ	各営業所にて在庫十分です。ただし、	赤坂営業所	
7	3006	ペンシルス	横浜営業所では在庫が少なくなって	横浜営業所,池袋営業所	
8	3007	ボールペン	渋谷営業所と新宿営業所には在庫が	上野営業所	
9	3008	メモ帳	品川営業所と赤坂営業所では在庫が	池袋営業所	
10	3009	コンパクト	神田営業所には在庫が十分です。横	横浜営業所,新橋営業所	
11	3010	スマート	各営業所で在庫は少なく、特に新宿	新宿営業所	
12	3011	ノートパソコ	上野営業所では在庫が十分ですが、	渋谷営業所,神田営業所	
13	3012	イヤホン	品川営業所と新橋営業所では在庫	横浜営業所, 赤坂営業所	

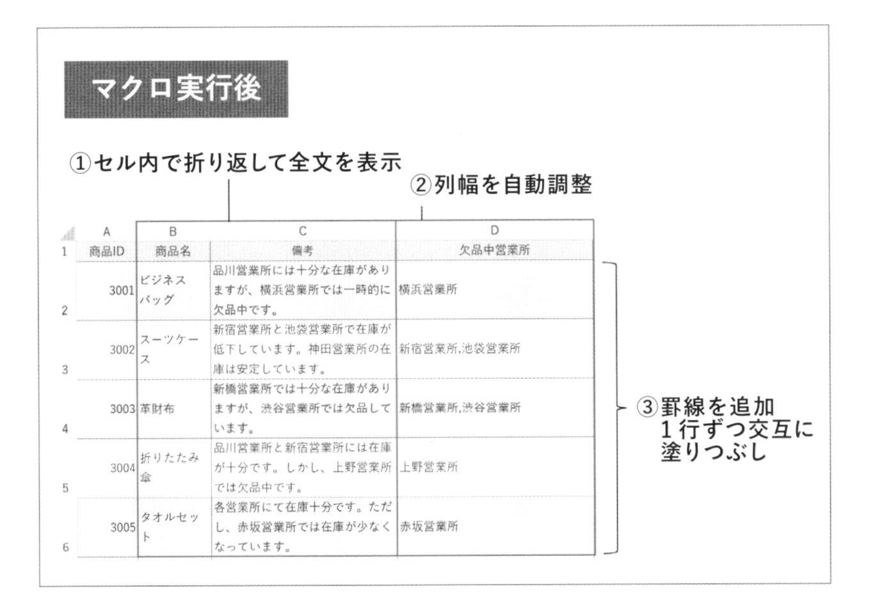

	A	B	C	D
1	商品ID	商品名	備考	欠品中営業所
2	3001	ビジネスバッグ	品川営業所には十分な在庫がありますが、横浜営業所では一時的に欠品中です。	横浜営業所
3	3002	スーツケース	新宿営業所と池袋営業所で在庫が低下しています。神田営業所の在庫は安定しています。	新宿営業所,池袋営業所
4	3003	革財布	新橋営業所では十分な在庫がありますが、渋谷営業所では欠品しています。	新橋営業所,渋谷営業所
5	3004	折りたたみ傘	品川営業所と新宿営業所には在庫が十分です。しかし、上野営業所では欠品中です。	上野営業所
6	3005	タオルセット	各営業所にて在庫十分です。ただし、赤坂営業所では在庫が少なくなっています。	赤坂営業所

①文章が右端で途切れているため、セル内で折り返して全体を表示したい

B列とC列のように列の幅に収まらない長さの文字列がある場合、右端で途切れて表示されます。これにより、全文を一目で確認することが難しくなるため、印刷した際の見栄えが悪くなり、重要な情報を見落とすリスクが生じます。この解決策は、セルの書式設定で「折り返して全体を表示」を選択して、文章をセル内で自動的に折り返し、全文を見やすくすることです。

②列幅が狭いため、広くしたい

D列のように列幅が狭すぎてデータが端にはみ出していると、印刷の際の見栄えが悪くなり、はみ出した部分だけが別ページに印刷されるといったリスクも生じます。この解決策は、列幅を自動調整することで、すべてのデータが読みやすく、操作しやすくすることです。

③罫線を適用したり1行ずつ交互に塗りつぶして表を見やすくしたりしたい

罫線がないと印刷した際にデータの境界が不明瞭になり、一覧性が低

下します。また、行を交互に色を付けると、視覚的にデータを区別しやすくなります。

上記の問題を一括で解決するマクロを作成しましょう。

プロンプトの例

プロンプト（命令文）の例：

以下の要件を満たす Excel VBA のコードを生成してください。

前提条件
・A 列～ D 列には、以下の列があります。
・商品 ID, 商品名 , 備考 , 欠品中営業所

列幅やセルの折り返し
・D 列の列幅を自動調整する
・B 列、C 列を折り返して全文表示する

表全体の処理
・表全体に罫線（格子）を適用する

タイトル行を除いた表全体の処理
・表を 1 行飛ばしで交互に薄いグレーで塗りつぶす

制約条件
・セルを連続処理する場合は For Each 構文を使用せず、例えば For ～ Next 構文を使用してください。
・Range 型のオブジェクト変数を使用することを避けてください。

プロンプトの説明：

- 「### 前提条件 ###」では、Excelの表の列のレイアウトを説明しています。どの列に何が書かれているかをChatGPTに伝えるための基本的な情報です。
- 「### 列幅やセルの折り返し ###」では、列の幅をどれだけ広げるかを明確に指示し、セル内のテキストを折り返す設定を指示しています。
- 「### 表全体の処理 ###」では、罫線を表全体に適用するコードを書くように求めています。
- 「### タイトル行を除いた表全体の処理 ###」では、表を1行おきに交互に塗りつぶすコードを書くように求めています。
- 「### 制約条件 ###」では、コードを書く際に守るべきルールを記述しています。今回は、VBA初心者にもわかりやすいコードを出力させるため、「For Each」構文の代わりに「For ～ Next」構文を使うこと、Range型のオブジェクト変数の使用を避けることを指示しました。

補足 制約条件を無視されたらもう一度命令しよう

「### 制約条件 ###」を指定したにも関わらずChatGPTがそれを無視してしまうことがあります。そのようなときは、もう一度プロンプトで制約条件を送信してコードを再出力しましょう。

ChatGPTでコードを生成する

プロンプトを入力すると、ChatGPTは以下のようなコードを作成しました。なお、説明の都合上、コメントに「①,②,③…」などの番号を付加しています。

コードの例：

```
Sub FormatTable()
    Dim lastRow As Long
    Dim ws As Worksheet
```

```
    Dim currentRow As Long

    ' ワークシートの指定（必要に応じて変更してください）  ①
    Set ws = ThisWorkbook.ActiveSheet

    ' 列幅の自動調整  ②
    ws.Columns("D").AutoFit

    ' B 列と C 列の折り返し設定  ③
    ws.Columns("B:C").WrapText = True

    ' 表全体に罫線を適用  ④
    With ws.UsedRange.Borders
        .LineStyle = xlContinuous
    End With

    ' タイトル行を除いた表全体の処理  ⑤
    lastRow = ws.Cells(ws.Rows.Count, 1).End(xlUp).Row
    For currentRow = 2 To lastRow Step 2
        ' 薄いグレーで塗りつぶす  ⑥
        With ws.Range("A" & currentRow & ":D" & currentRow)
            .Interior.Color = RGB(230, 230, 230)
        End With
    Next currentRow
End Sub
```

コードの解説

①ワークシートの指定

この部分では、作業対象となるワークシートを指定し、ワークシート型の変数に代入します。「Set ws = ThisWorkbook.ActiveSheet」により、現在アクティブなシート（表示中のシート）を変数「ws」に設定します。

②列幅の自動調整

「ws.Columns("D").AutoFit」では、指定された列（この場合"D"列）の列幅を自動調整しています。「Columns("D")」というコードは、D列を指しています。列や行を指定するコードの詳細は後述します。「.AutoFit」はメソッドで、その列に含まれる値の長さに基づいて列幅を自動的に変更します。

③ B列とC列の折り返し設定

「ws.Columns("B:C").WrapText = True」では、B列とC列のすべてのセルに対してテキストの折り返し設定を行います。

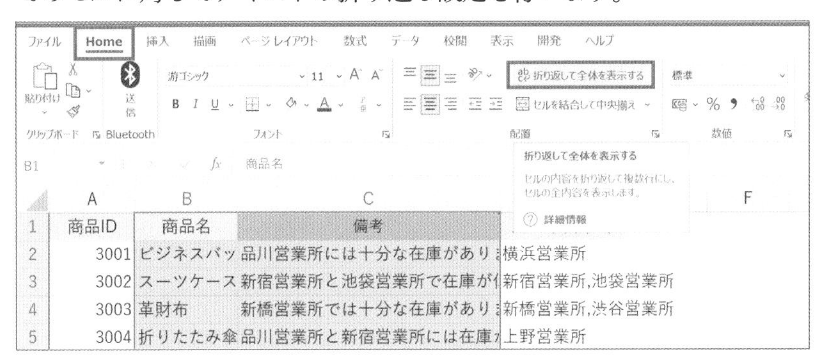

「WrapText プロパティ」は、セル内のテキストを折り返して全体表示する設定に切り替えるプロパティです。「True」を代入すると有効化され、無効化するには「False」を代入します。Excelの機能における、セル範囲を選択した状態で「Home」タブの「折り返して全体を表示する」ボタンをクリックするのと同じです。

④表全体に罫線を適用

「With ws.UsedRange.Borders」の部分では、シートで使用されている範囲全体に罫線を適用しています。

ワークシート.UsedRange プロパティ

シートで使用しているセル範囲を自動で指定する

	A	B	C	D	E	F
1	商品ID	商品名	備考	欠品中営業所		
2	3001	ビジネスバッ	品川営業所には十分な在庫があり：	横浜営業所		
3	3002	スーツケース	新宿営業所と池袋営業所で在庫が(	新宿営業所,池袋営業所		
4	3003	革財布	新橋営業所では十分な在庫があり：	新橋営業所,渋谷営業所		
～						
47	3046	スマートウォ	新宿営業所と神田営業所では在庫ｶ	池袋営業所,渋谷営業所		
48	3047	モバイルプリ	上野営業所では在庫が十分にあり：	新橋営業所,渋谷営業所,神田営業所		
49	3048	ワイヤレスイ	渋谷営業所と池袋営業所では在庫ｶ	品川営業所,赤坂営業所		
50	3049	キャリーケー	横浜営業所と新宿営業所では在庫ｶ	神田営業所,赤坂営業所		
51	3050	イヤホンスポ	品川営業所と池袋営業所では在庫ｶ	渋谷営業所,上野営業所		
52						

「UsedRange」は、シート上で何らかの値が入力されているセル範囲を自動的に取得するプロパティです。シンプルなコードで表全体を指定できます。ただし、UsedRange プロパティにはいくつかのデメリットがあるため、代替方法も知っておく必要があります。詳細は後述します。

なお、④のコードは With 構文により省略されていますが、省略しない場合、以下のコードと同じ意味になります。

```
ws.UsedRange.Borders.LineStyle = xlContinuous
```

「Borders.LineStyle プロパティ」は、セル範囲の罫線のスタイルを変更するためのもので、定数「xlContinuous」を代入することにより、実線（つまり、点線や二重線ではない通常の線）で表現されます。これによって、セル範囲に格子状の罫線を適用できるのです。

⑤表全体の処理

「lastRow = ws.Cells（ws.Rows.Count, 1）.End（xlUp）.Row」を用いて、1列目（つまりA列）の最終行を取得し、変数「lastRow」に代入します。次に、「For currentRow = 2 To lastRow Step 2」のコードを使用して、表の2行目から最終行まで1行おきに処理します。このコードは、For ～ Next構文の応用形です。

```
For currentRow = 2 To lastRow Step 2
    '処理内容
Next currentRow
```

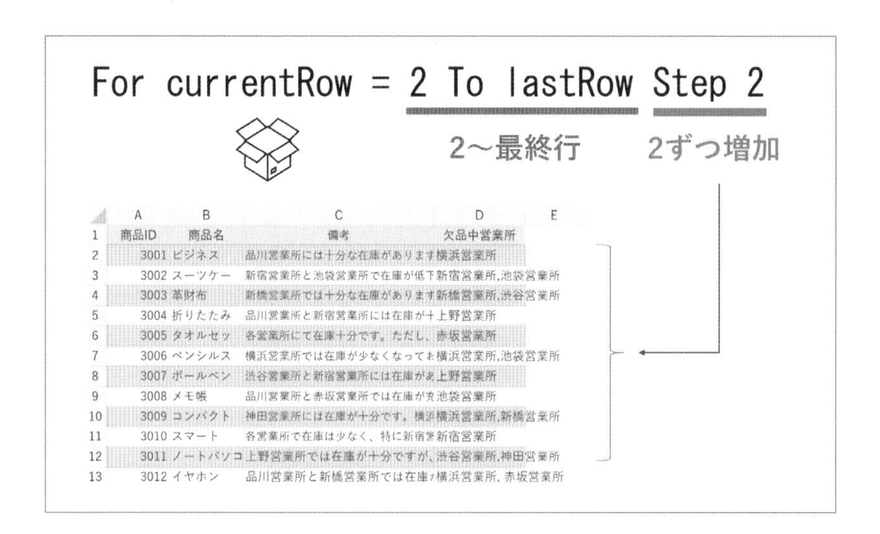

For ～ Next構文のカウンター変数には通常「i」を使用するのが慣例ですが、このコードでは「currentRow」（「現在の行」を指す）という変数名を使用している点に注意しましょう。また、「Step 2」と記述することにより、カウンター変数currentRowは2ずつ増加します。これにより、1行おきに処理することが可能になります。

⑥セルを薄いグレーで塗りつぶす

次のコードを使用して、セルを薄いグレーで塗りつぶします。

```
With ws.Range("A" & currentRow & ":D" & currentRow)
    .Interior.Color = RGB(230, 230, 230)
End With
```

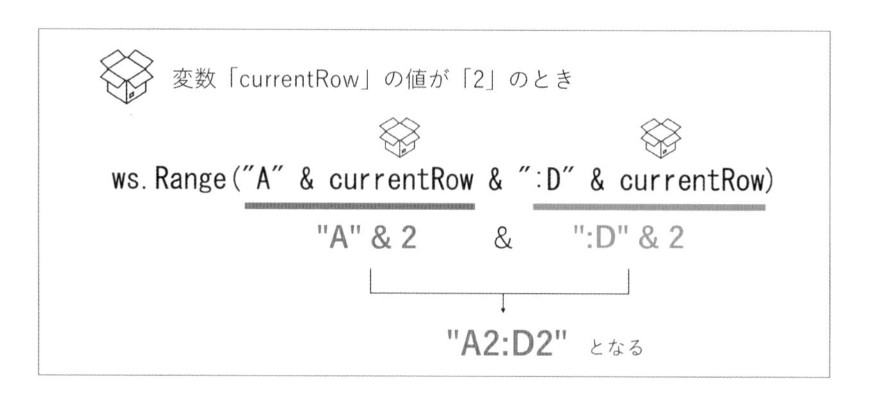

「ws.Range ("A" & currentRow & ":D" & currentRow)」の部分では、「"A"」と「currentRow（例えばその値が「2」)」を「&」で結合し、「"A2"」という文字列を作成します。「":D"」と「currentRow」(値が「2」) を「&」で結合することで、「":D2"」という文字列を作成します。これら2つの文字列を「&」で結合し、最終的に「"A2:D2"」という文字列を作成するのです。そのため、Range（"A2:D2"）のセル範囲を指定することになります。

セル範囲の塗りつぶしの色を変更するには、「Interior.Color = RGB (230, 230, 230)」というコードを使用します。「Interior.Color」プロパティは、セルの塗りつぶしの色を設定するために使用するプロパティであり、色の指定には「RGB関数」を使用します。RGB関数は、光の三原色である赤（Red)、緑（Green)、青（Blue）をそれぞれ0～255の数値で指定し、それらの色を混ぜて表現するVBA関数です。この場合、RGB（230, 230, 230）は薄いグレーを表現しています。

補足 RGBの色を事前に確認する方法

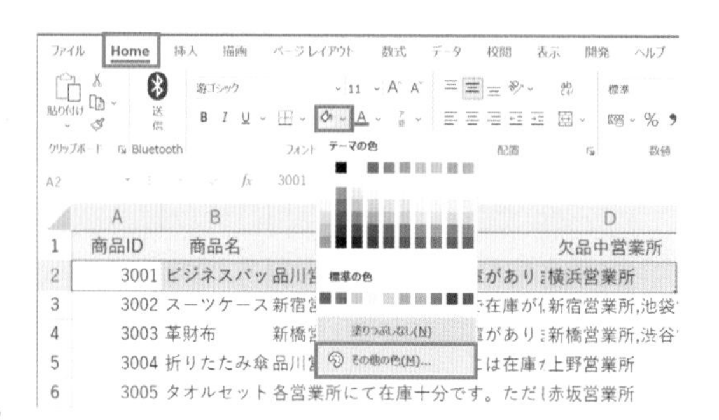

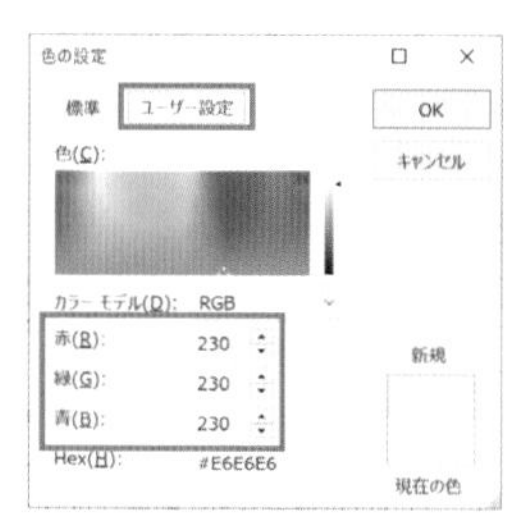

セルの塗りつぶしの色を「RGB (230, 230, 230)」と指定しましたが、具体的な色を事前に確認するには以下の手順を実行してください。

1. セル範囲を選択する
2. 「Home」タブの「塗りつぶしの色」ボタンを展開し、「その他の色」ボタンをクリックする
3. 「色の設定」ダイアログで「ユーザー設定」タブを選択する

以上の手順を行うことで、赤 (R)、緑 (G)、青 (B) の3つの入力欄が表示されます。ここで数値を変更すると、どのような色になるかを確認できます。ChatGPT が出力した RGB 関数の数値を、自分の好みに合わせて調整する上でも使用できるでしょう。

行や列を指定する (Rows,Columns)

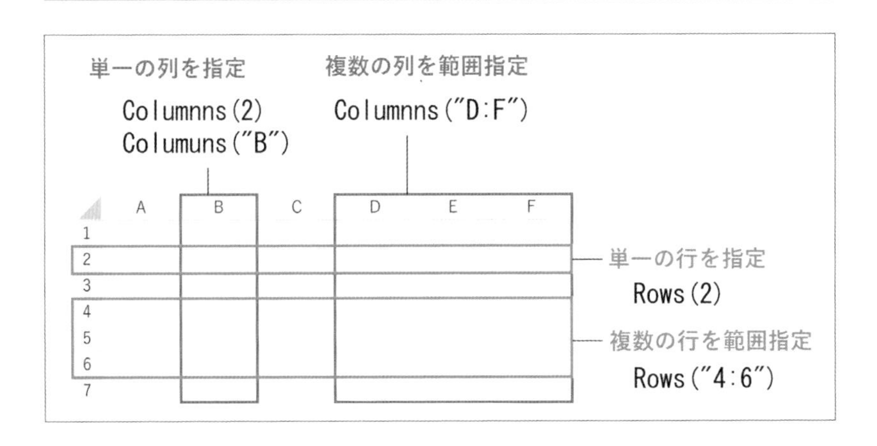

行を指定するには以下のコードを用います。

書式：

```
Rows(番号)                    '単一の行を指定
Rows("開始番号:終了番号")      '複数の行を範囲指定
```

「番号」には、指定したい行の番号を整数で記述します。たとえば、「Rows (2)」はシートの2行目を指定しているわけです。開始番号と終了番号では、指定したい行の範囲を指定します。たとえば、Rows ("4:6") はシートの4行目から6行目までを指定しています。このとき、「"4:6"」のようにダブルクォーテーションで囲って文字列として記述する必要があります。

列を指定するには以下のコードを用います。

書式：

```
Columns(番号)                 '単一の列を指定
Columns("列名")               '単一の列を指定
Columns("開始列名:終了列名")  '複数の列を範囲指定
```

「番号」には、指定したい列の番号を整数で記述します。たとえば、「Columns (2)」はシートの2列目（つまりB列）を指定しているわけです。「列名」には、"A","B","C" といった列名を記述します。また、「開始列名:終了列名」では指定したい列名の範囲を指定します。たとえば、Columns ("D:F") はシートのD列からF列までを指定しています。これらの文字列は、ダブルクォーテーションで囲む必要があります。

UsedRange（使用中のセル範囲を自動取得）とデメリット

「UsedRange」はシート上に何らかの値が入力されている範囲を自動的に取得するプロパティで、表全体を指定する際にシンプルなコードで書けるというメリットがあります。一方で、罫線の設定やフォント色、背景色の設定など、本来はデータとは関係ない部分も指定範囲に含まれるというデメリットもあります。

例えば次の図では、データの範囲外に、フォントの色を「赤」に設定した空白のセルがあります。UsedRange を使用すると、フォントの色が適用された空白セルまでも指定範囲に含まれてしまうのです。

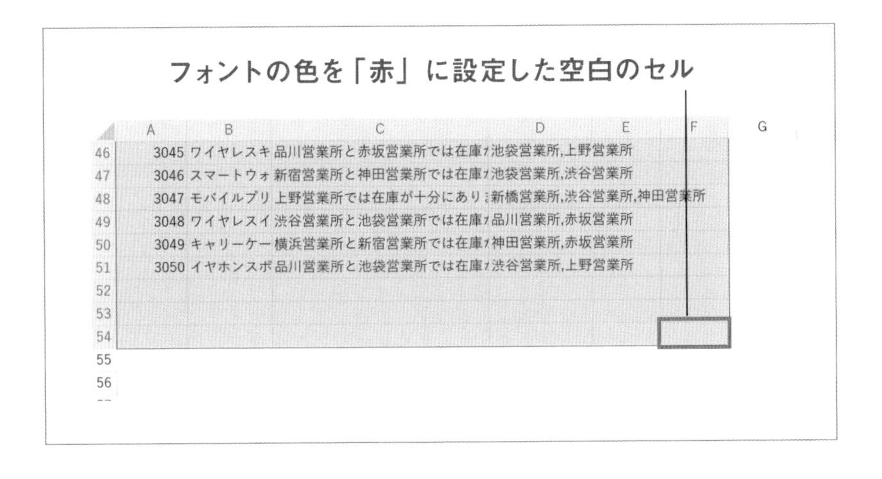

このようなUsedRangeのデメリットを回避するための方法として、「CurrentRegionプロパティ」を紹介します。

書式：

```
セル.CurrentRegion    'セルに隣り合うデータ範囲全体
```

CurrentRegionプロパティは、指定したセルに隣り合うデータ範囲全体を自動で指定します。UsedRangeプロパティと違って、セルの値以外を指定範囲に含めないため、使い勝手がよいでしょう。

例えば、「Range("A1").CurrentRegion」というコードを書くと、それは「セルA1に隣り合うデータ範囲全体を指定する」という意味になります。このようにCurrentRegionプロパティを利用することで、より直感的で使いやすいコードを書くことが可能になるのです。

補足 「Ctrl+Shift+:」のショートカットキーと同様

CurrentRegionの動作は、Excelのシートを手動操作するときの「Ctrl」+「Shift」+「:」のショートカットキーと同様の動作をします。あるセルを選択した状態でこのショートカットキーを押すと、そのセルから隣接する範囲全体が選択されるのです。

7/3 データを整形し、表示形式を変更するマクロ

ここでは、Excelのデータを整形したり、セルの表示形式を変更したりするマクロをChatGPTと一緒に作成する方法を紹介します。

次のような売上一覧表を例に、マクロの作り方を見ていきましょう。

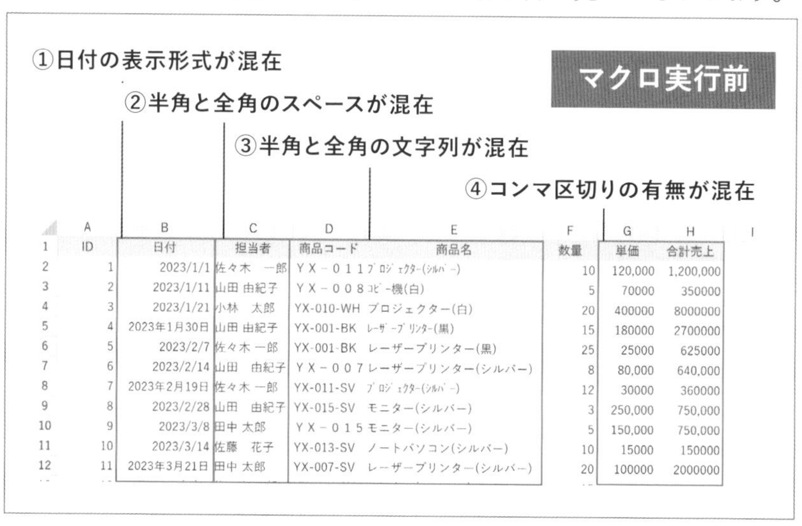

	A	B	C	D	E	F	G	H
1	ID	日付	担当者	商品コード	商品名	数量	単価	合計売上
2	1	2023/1/1	佐々木　一郎	ＹＸ－０１１	ﾌﾟﾛｼﾞｪｸﾀｰ(ｼﾙﾊﾞｰ)	10	120,000	1,200,000
3	2	2023/1/11	山田 由紀子	ＹＸ－００８	ｺﾋﾟｰ機(白)	5	70000	350000
4	3	2023/1/21	小林　太郎	YX-010-WH	プロジェクター(白)	20	400000	8000000
5	4	2023年1月30日	山田 由紀子	YX-001-BK	ﾚｰｻﾞｰﾌﾟﾘﾝﾀｰ(黒)	15	180000	2700000
6	5	2023/2/7	佐々木 一郎	YX-001-BK	レーザープリンター(黒)	25	25000	625000
7	6	2023/2/14	山田　由紀子	ＹＸ－００７	レーザープリンター(シルバー)	8	80,000	640,000
8	7	2023年2月19日	佐々木 一郎	YX-011-SV	ﾌﾟﾛｼﾞｪｸﾀｰ(ｼﾙﾊﾞｰ)	12	30000	360000
9	8	2023/2/28	山田　由紀子	YX-015-SV	モニター(シルバー)	3	250,000	750,000
10	9	2023/3/8	田中 太郎	ＹＸ－０１５	モニター(シルバー)	5	150,000	750,000
11	10	2023/3/14	佐藤　花子	YX-013-SV	ノートパソコン(シルバー)	10	15000	150000
12	11	2023年3月21日	田中 太郎	YX-007-SV	レーザープリンター(シルバー)	20	100000	2000000

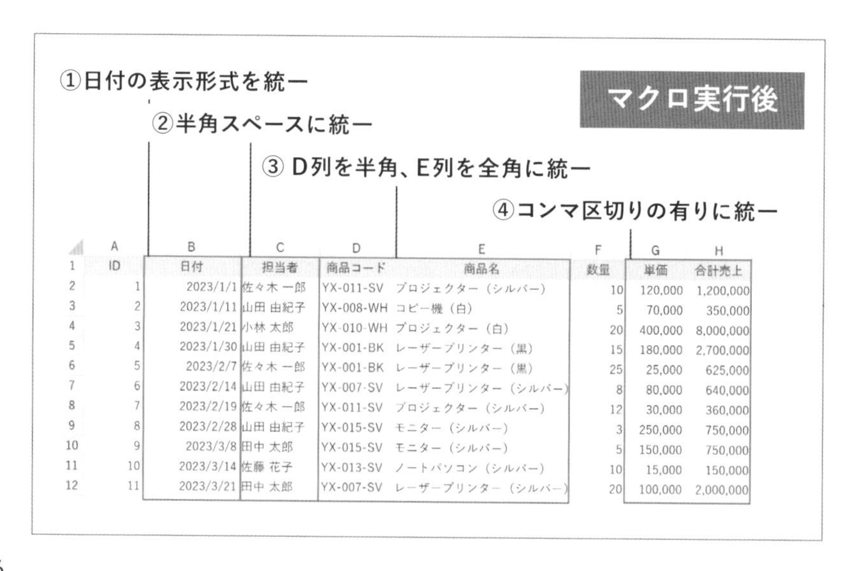

	A	B	C	D	E	F	G	H
1	ID	日付	担当者	商品コード	商品名	数量	単価	合計売上
2	1	2023/1/1	佐々木 一郎	YX-011-SV	プロジェクター（シルバー）	10	120,000	1,200,000
3	2	2023/1/11	山田 由紀子	YX-008-WH	コピー機（白）	5	70,000	350,000
4	3	2023/1/21	小林 太郎	YX-010-WH	プロジェクター（白）	20	400,000	8,000,000
5	4	2023/1/30	山田 由紀子	YX-001-BK	レーザープリンター（黒）	15	180,000	2,700,000
6	5	2023/2/7	佐々木 一郎	YX-001-BK	レーザープリンター（黒）	25	25,000	625,000
7	6	2023/2/14	山田 由紀子	YX-007-SV	レーザープリンター（シルバー）	8	80,000	640,000
8	7	2023/2/19	佐々木 一郎	YX-011-SV	プロジェクター（シルバー）	12	30,000	360,000
9	8	2023/2/28	山田 由紀子	YX-015-SV	モニター（シルバー）	3	250,000	750,000
10	9	2023/3/8	田中 太郎	YX-015-SV	モニター（シルバー）	5	150,000	750,000
11	10	2023/3/14	佐藤 花子	YX-013-SV	ノートパソコン（シルバー）	10	15,000	150,000
12	11	2023/3/21	田中 太郎	YX-007-SV	レーザープリンター（シルバー）	20	100,000	2,000,000

①日付表示に異なる形式が混在しているため、統一したい

日付表示に、「2023/1/1」のような形式の日付と、「2023年1月30日」のような形式の日付のデータが混在しています。こうした状況は、特定の日付のデータを抽出する際などに、目的のデータが適切に抽出できない問題を引き起こす可能性があります。

②担当者名に半角と全角スペースが混在しているため、統一したい

「佐々木　一郎」（全角スペース）と「佐々木 一郎」（半角スペース）のように、担当者名に姓と名の間のスペースに半角と全角スペースが混在しています。Excelでは、これらは別のデータとして扱われるため、後からの集計や抽出を行う際に、正しい結果が得られない可能性があります。

③商品コードと商品名に半角と全角の文字列が混在しているため、統一したい

商品コードや商品名に、「ＹＸ－０１１－ＳＶ」（全角文字）と「YX-010-WH」（半角文字）など、半角と全角の文字列が混在しています。②と同様に、これらは別データとして扱われ、後からの集計や抽出を行う際に、正しい結果が得られない可能性があります。

④単価と合計売上の数値にコンマ区切りの有無が混在しているため、統一したい

単価と合計売上の数値に、「120,000」（コンマ区切り有り）と「20000」（コンマ区切り無し）など、3桁ごとにコンマ区切りがあるものとないものが混在しています。

上記の問題を解決するため、一括で修正するマクロを作成しましょう。

プロンプトの例

プロンプト（命令文）の例：

```
以下の要件を満たす Excel VBA のコードを生成してください。

### 表示形式の変更 ###
・B 列の表示形式を yyyy/m/d に変更する
・G:H 列の表示形式をコンマ区切り（#,##0）に変更する

### 繰り返し処理 ###
・2 行目から最終行まで以下の処理を行う
・C 列の全角スペースを半角スペースに置換する（Replace 関数）
・D 列のセルの文字列の全角文字を半角に変換する（StrConv 関数）
・E 列のセルの文字列の半角文字を全角に変換する（StrConv 関数）
```

プロンプトの説明：

- 「### 表示形式の変更 ###」では、「セルの表示形式」を変更する指示が出されています。セルの表示形式は列単位で行うことが可能なため、繰り返し処理は不要です。そのため、ここでは同じグループの命令として処理をまとめています。
- 「### 繰り返し処理 ###」では、シートの2行目から最終行までの処理を指示しています。

補足 関数名を指定することで精度を高める

「### 繰り返し処理 ###」において、それぞれの処理に「(Replace関数)」「(StrConv関数)」などとVBAの関数名を直接記述することで、精度の高い回答が得られるようにしています。有料版のChatGPTの「GPT-4」を使用する場合、これらのVBAの関数名を明示的に記述しなくても正しいコードが出力される可能性が高いようです。しかし、無料版のChatGPTの「GPT-3.5」を使用する場合、VBA関数名を指定

した方が精度の高い回答が得られるようです。

ChatGPTでコードを生成する

プロンプトを入力すると、ChatGPTは以下のようなコードを作成しました。なお、説明の都合上、コメントに「①,②,③…」という番号を付加しています。

コードの例：

```
Sub ModifyData()
    Dim lastRow As Long
    Dim i As Long

    ' 最終行を取得　①
    lastRow = Cells(Rows.Count, 2).End(xlUp).Row

    ' 表示形式の変更　②
    Range("B:B").NumberFormatLocal = "yyyy/m/d"
    Range("G:H").NumberFormatLocal = "#,##0"

    ' 繰り返し処理　③
    For i = 2 To lastRow
        ' C列の全角スペースを半角スペースに置換　④
        Cells(i, 3).Value = Replace(Cells(i, 3).Value, "　", " ")

        ' D列のセルの文字列の全角文字を半角に変換　⑤
        Cells(i, 4).Value = StrConv(Cells(i, 4).Value, vbNarrow)

        ' E列のセルの文字列の半角文字を全角に変換　⑤
        Cells(i, 5).Value = StrConv(Cells(i, 5).Value, vbWide)
    Next i
```

```
End Sub
```

コードの解説

①最終行の取得

「lastRow = Cells(Rows.Count, 2).End(xlUp).Row」を用いて、2列目（つまりB列）の最終行を取得し、その値を変数「lastRow」に代入しています。

②セルの表示形式の変更

「Range("B:B")」と記述することで、B列全体を指定できます。同様に「Range("G:H")」と記述することで、G列～H列全体を範囲指定できます。

セルの表示形式を変更するには、NumberFormatLocalプロパティを用います（ChatGPTがコードを生成する際、NumberFormatプロパティという似たプロパティを使用することがあります）。ここでは、B列は「NumberFormatLocal = "yyyy/m/d"」と指定することで西暦の年月日の表示形式に変更し、G:H列は「NumberFormatLocal = "#,##0"」と指定することで3桁ごとにコンマ区切りの表示形式に変更しています。NumberFormatLocalプロパティの詳細は後述します。

③繰り返し処理

「For i = 2 To lastRow」で、2行目から最終行（lastRow）までの繰り返し処理を定義しています。

④文字列の置換

「Cells（i, 3）」と記述することで、i行目の3列（つまりC列）のセルを処理対象としています。「Replace（Cells（i, 3）.Value, "　", " ")」では、PART4の「4-4」で扱った「Replace関数」を使用して「"　"」(全角スペース）を「" "」(半角スペース）に置換しています。

⑤全角から半角への変換、またはその逆

「StrConv関数」というVBA関数を使用して、セルの文字列を全角から半角に、またはその逆に変換しています。StrConv関数の詳細は後述します。

NumberFormatプロパティ（セルの表示形式）

セルの値	表示結果	プロパティと書式記号
999999	999,999	NumberFormatLocal = "#,##0"
2023/8/1	2023/8/1	NumberFormatLocal = "yyyy/m/d"
2023/8/1	2023/08/01	NumberFormatLocal = "yyyy/mm/dd"
2023/8/1	令和5年8月1日	NumberFormatLocal = ggge"年"m"月"d"日"

Excelでは、セルの値が同一でも、「表示形式」の設定によって、セルの「見た目」が変わります。セルの表示形式は「NumberFormatプロパティ」または「NumberFormatLocalプロパティ」で変更できます。

書式：

```
セル.NumberFormat = 書式記号
セル.NumberFormatLocal = 書式記号
```

「NumberFormat」と「NumberFormatLocal」はともにセルの表示形式を変更するプロパティです。「NumberFormatLocal」は、たとえば「¥」付きの通貨形式や「令和」といった和暦表示など、特定の国や地域に特化した表示形式を扱うことができます。日本でExcelを使用する場合、「NumberFormatLocal」を使用するのが一般的でしょう。

プロパティに設定できる値は、「書式記号」と呼ばれる特殊な記号であり、これによりセルの表示形式を指定できます。

以下に書式記号の代表的な使用例を紹介します。

日付の書式記号

書式記号	説明
yyyy	年（西暦）
m	月
mm	月（必ず2桁で表示）
d	日
dd	日（必ず2桁で表示）
ggg	元号
e	年（和暦）
ggge	元号＆年（例：「令和5年」）

数値の書式記号

書式記号	説明
#,###	3桁ごとにコンマ区切り（0は省略）
#,##0	3桁ごとにコンマ区切り（0を表示）
#	桁区切り無し（0は省略）
0	桁区切り無し（0を表示）

StrConv関数（文字種を変換する）

StrConv("ＡＢＣＤＥＦ", vbNarrow)

文字種を変換　文字列　を　半角に

変換前	変換後	文字種を指定する定数
Ｂｕｓｉｎｅｓｓ	Business	vbNarrow（半角に変換）
ﾐｰﾃｨﾝｸﾞ	ミーティング	vbWide（全角に変換）
さーびす	サービス	vbKatakana（カタカナに変換）
コンニチハ	こんにちは	vbHiragana（ひらがなに変換）

StrConv関数は、指定した文字列の「文字種」を変更します。「文字種」

とは、文字の種類を意味します。文字種には、「ひらがな / カタカナ」「全角 / 半角」「英字の大文字 / 小文字」といった種類があります。

書式：

```
StrConv( 文字列 , 文字種 )
```

この書式では、第1引数で対象とする文字列を指定し、第2引数で文字種を指定します。文字種は定数を使って指定できます。例えば、定数「vbNarrow」を使うと、半角に変換するのです。

以下に、StrConv 関数の第2引数で使用できる定数とその説明を紹介します。

StrConv 関数の第 2 引数で使用できる定数

定数名	説明
vbUpperCase	文字列を大文字に変換
vbLowerCase	文字列を小文字に変換
vbProperCase	文字列の各単語の先頭の文字を大文字に変換
vbWide	文字列内の半角文字を全角文字に変換
vbNarrow	文字列内の全角文字を半角文字に変換
vbKatakana	文字列内のひらがなをカタカナに変換
vbHiragana	文字列内のカタカナをひらがなに変換

例えば、全角文字を半角に変換するには次のようなコードを使用します。

```
StrConv(" ＡＢＣＤＥＦ ", vbNarrow)
```

この場合、" ＡＢＣＤＥＦ " が対象文字列で、vbNarrow が指定の文字種です。このコードを実行すると、全角文字が半角に変換された "ABCDEF" が返されます。

7/4 文字列を分割して転記するマクロ

ここでは、Excelの文字列を分割して、別のセルに代入するマクロをChatGPTと一緒に作成する方法を紹介します。

次のような商品一覧表を例に、マクロの作り方を考えていきましょう。ここでの処理は主に、「商品コード」「商品名（色）」をそれぞれ分割して、列ごとに転記する業務を想定しています。

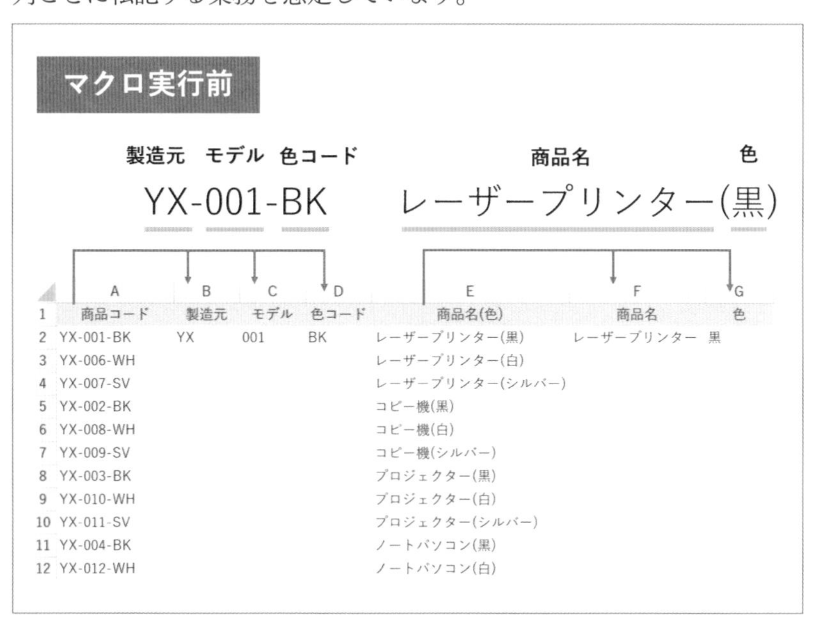

	A	B	C	D	E	F	G
1	商品コード	製造元	モデル	色コード	商品名(色)	商品名	色
2	YX-001-BK	YX	001	BK	レーザープリンター(黒)	レーザープリンター	黒
3	YX-006-WH				レーザープリンター(白)		
4	YX-007-SV				レーザープリンター(シルバー)		
5	YX-002-BK				コピー機(黒)		
6	YX-008-WH				コピー機(白)		
7	YX-009-SV				コピー機(シルバー)		
8	YX-003-BK				プロジェクター(黒)		
9	YX-010-WH				プロジェクター(白)		
10	YX-011-SV				プロジェクター(シルバー)		
11	YX-004-BK				ノートパソコン(黒)		
12	YX-012-WH				ノートパソコン(白)		

マクロ実行後

	A	B	C	D	E	F	G
1	商品コード	製造元	モデル	色コード	商品名(色)	商品名	色
2	YX-001-BK	YX	001	BK	レーザープリンター(黒)	レーザープリンター	黒
3	YX-006-WH	YX	006	WH	レーザープリンター(白)	レーザープリンター	白
4	YX-007-SV	YX	007	SV	レーザープリンター(シルバー)	レーザープリンター	シルバー
5	YX-002-BK	YX	002	BK	コピー機(黒)	コピー機	黒
6	YX-008-WH	YX	008	WH	コピー機(白)	コピー機	白
7	YX-009-SV	YX	009	SV	コピー機(シルバー)	コピー機	シルバー
8	YX-003-BK	YX	003	BK	プロジェクター(黒)	プロジェクター	黒
9	YX-010-WH	YX	010	WH	プロジェクター(白)	プロジェクター	白
10	YX-011-SV	YX	011	SV	プロジェクター(シルバー)	プロジェクター	シルバー
11	YX-004-BK	YX	004	BK	ノートパソコン(黒)	ノートパソコン	黒
12	YX-012-WH	YX	012	WH	ノートパソコン(白)	ノートパソコン	白

①商品コードを分割したい

A列の商品コード（例えば「YX-001-BK」）を、「-」の区切り文字で分割し、それぞれB列、C列、D列に転記します（例えば「YX」「001」「BK」に分割）。

②商品名（色）を分割したい

E列の商品名（色）（例えば「レーザープリンター（黒）」を、「()」の中とそれ以外の文字列で分割し、それぞれF列、G列に転記します（例えば「レーザープリンター」「黒」に分割）。

これらの目的を達成するマクロをChatGPTとともに作成していきましょう。

プロンプトの例

プロンプト（命令文）の例：

以下の要件を満たす Excel VBA のコードを生成してください。

商品コードの分割

・A 列に商品コードがある。例えば「YX-001-BK」
・商品コードを「-」の区切り文字で分割して B 列、C 列、D 列に転記する。
・例えば B 列に「XY」、C 列に「001」、D 列に「BK」を転記する。

商品名（色）の分割
・E 列に商品名（色）がある。例えば「レーザープリンター（黒）」
・商品名（色）を「()」の中とそれ以外の文字列で分割し、それぞれ F 列、G 列に転記する。
・例えば F 列に「レーザープリンター」、G 列に「黒」を転記する。

繰り返し処理
・以上の処理を 2 行目から最終行まで行う。

プロンプトの説明：

・「### 商品コードの分割 ###」では、A 列に存在する商品コードを「-」で分割し、結果を B 列、C 列、D 列に記述するよう求めています。このとき、「YX-001-BK」など具体的な例を用いると ChatGPT に要件がより正確に伝わりやすくなります。
・「### 商品名（色）の分割 ###」では、E 列に存在する商品名（色）を「()」を基に分割し、それぞれ F 列、G 列に記述するよう指示しています。
・「### 繰り返し処理 ###」では、上記の処理をシートの 2 行目から最終行まで繰り返すよう指示しています。

ChatGPTでコードを生成する

プロンプトを入力すると、ChatGPT は以下のようなコードを作成しました。なお、説明の都合上、コメントに「①,②,③…」などの番号を付加しています。また、1 行のコードが長い場合は「 _」を挿入してコードの途中で改行しています。

コードの例：

```
Sub SplitData()
    Dim lastRow As Long
    Dim i As Long

    ' 最終行を取得　①
    lastRow = Cells(Rows.Count, 1).End(xlUp).Row

    ' 2 行目から最終行まで処理を繰り返す　②
    For i = 2 To lastRow
        ' 商品コードの分割　③
        Dim code As String
        code = Cells(i, 1).Value
        If InStr(code, "-") > 0 Then
            Dim codeParts() As String
            codeParts = Split(code, "-")

            Cells(i, 2).Value = codeParts(0) ' B 列に転記
            Cells(i, 3).Value = codeParts(1) ' C 列に転記
            Cells(i, 4).Value = codeParts(2) ' D 列に転記
        End If

        ' 商品名（色）の分割　④
        Dim nameColor As String
        nameColor = Cells(i, 5).Value
        If InStr(nameColor, "(") > 0 _
            And InStr(nameColor, ")") > 0 Then
            Dim nameParts() As String
            nameParts = Split(nameColor, "(")

            Cells(i, 6).Value = nameParts(0) ' F 列に転記
            Cells(i, 7).Value = _
```

```
            Replace(nameParts(1), ")", "") ' G 列に転記
        End If
    Next i
End Sub
```

コードの解説

①最終行の取得

最初に、「lastRow = Cells (Rows.Count, 1) .End (xlUp) .Row」を用いて1列目（つまりA列）の最終行を取得し、その値を変数「lastRow」に代入しています。

②繰り返し処理

「For i = 2 To lastRow」で、2行目から最終行までの繰り返し処理を定義しています。

③商品コードの分割

商品コード（i行目の1列目のセルの値）を取得し、"-" で分割しています。

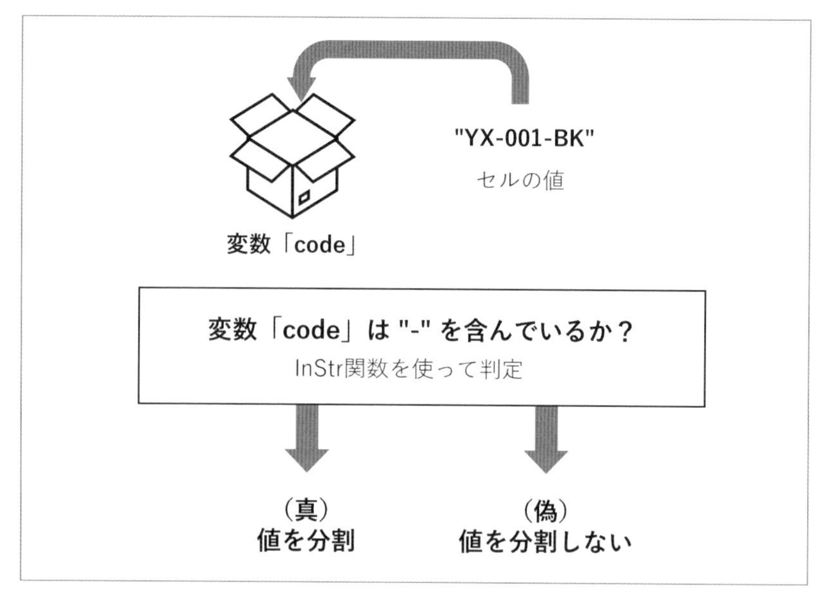

まず、「If InStr(code, "-")> 0 Then」の条件式により、"-" を含む文字列がある場合のみ実行するようになっています。InStr 関数の詳細は後述します。

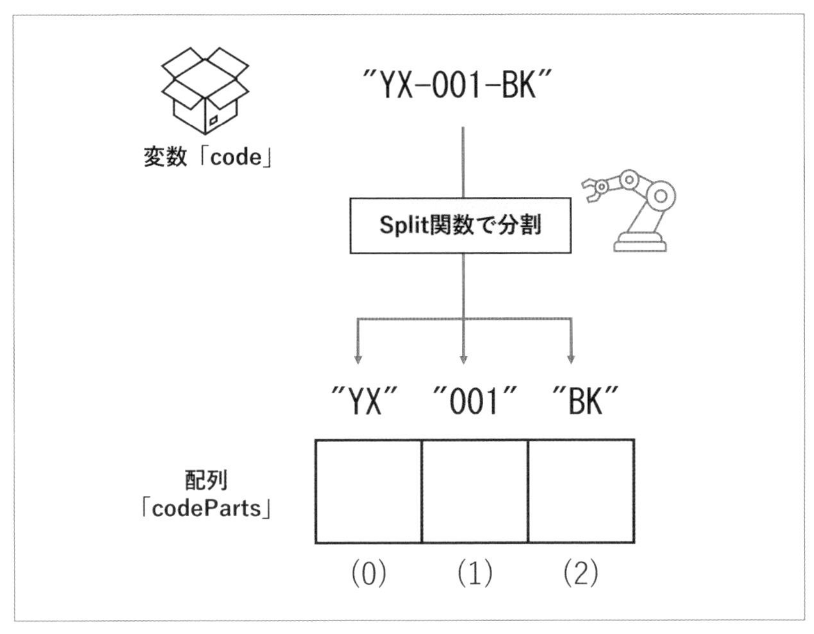

その後、「Split(code, "-")」により "-" で分割された部分文字列を配列「codeParts」に格納します。配列の詳細は後述します。

その後、配列「codeParts」の各要素（codeParts (0) , codeParts (1) , codeParts (2)）をそれぞれB列（2列目）、C列（3列目）、D列（4列目）に転記します。これにより、商品コードの各部分が別の列に分割されて表示されるのです。

④商品名（色）の分割

商品名（色）（i 行目の5列目のセルの値）を取得し、"（" と "）" で囲まれた部分を分割します。

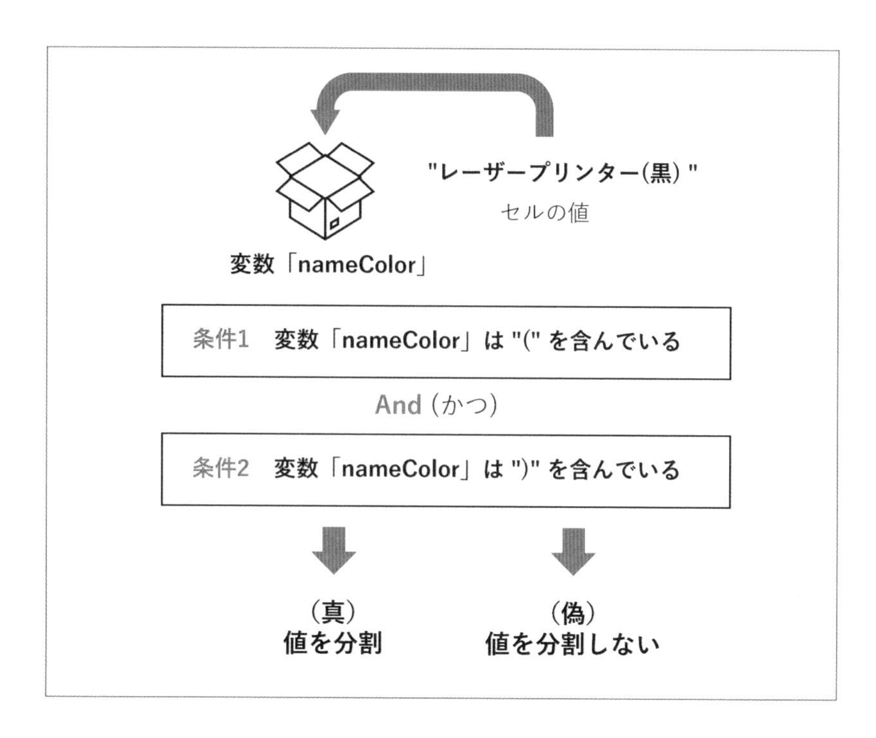

まず、「If InStr (nameColor, " (") > 0 And InStr (nameColor, ") ") > 0 Then」の条件式によって、" (" と ") " を含む文字列がある場合にのみ、この処理が実行されます。このIf構文では2つの条件式を組み合わせて使用しています。

```
条件1  InStr(nameColor, "(") > 0    '変数nameColorは"("を含んでいる
条件2  InStr(nameColor, ")") > 0    '変数nameColorは")"を含んでいる
```

上記の2つの条件式を「And」という演算子でつなぐことで、条件1かつ条件2を満たす場合のみ結果が真となります。

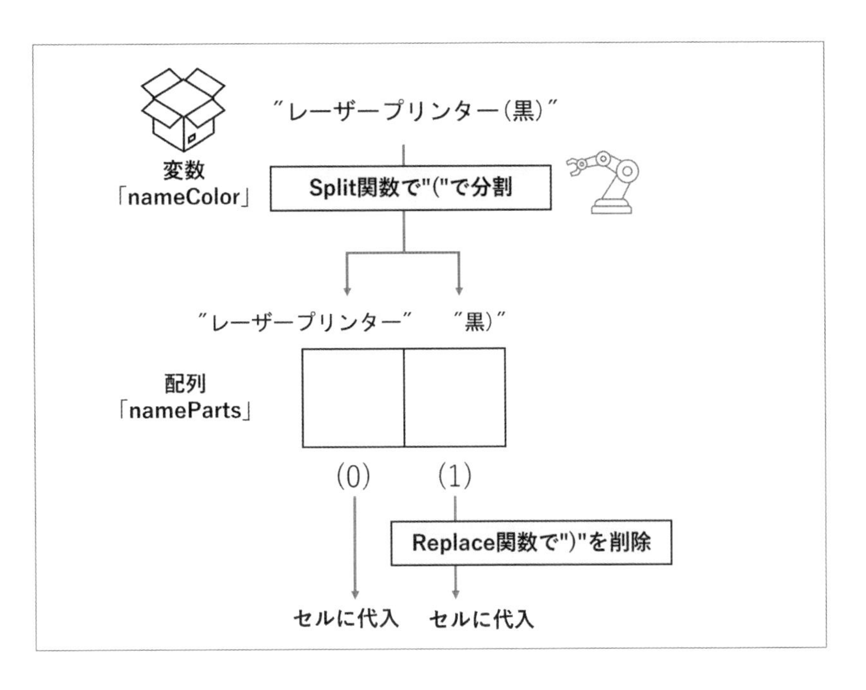

次に、「Split (nameColor, " (")」により " (" で分割された部分文字列を配列「nameParts」に格納します。配列「nameParts」の最初の要素を「nameParts (0)」というコードで指定し、F 列（6 列目）に転記します。また、2 つ目の要素を「nameParts (1)」というコードで指定しますが、この要素から ") " を Replace 関数で取り除くため、「Replace (nameParts (1) , ") ", "")」と記述し、G 列（7 列目）に転記します。これにより、商品名と色が別の列に分割されて表示されます。

InStr関数（文字列A内で文字列Bを検索し、位置を返す）

InStr("XY-001-BK", "-")

文字列を検索 文字列A **の中で** 文字列B **の位置を返す**

→ 戻り値「3」

（先頭から3文字目にある）

InStr関数は、文字列Aの中から特定の文字列Bが含まれるかを検索し、先頭から何文字目に位置しているかを数値として返します。たとえば、「XY-001-BK」という文字列の中からInStr関数で「-」という文字列を検索するのです。この場合、InStr関数は最初に出現する「-」の位置、つまり「3」を返します。もし特定の文字列Bが文字列Aに含まれない場合、InStr関数は「0」を返します。この性質を利用して、「文字列Aの中に文字列Bが含まれるか」を調べるために、InStr関数がよく用いられます。

コードの書式：

```
InStr(対象文字列, 検索文字列)
```

他にも引数がありますが、ここでは省略します。

この書式では、第1引数で検索対象となる文字列を指定し、第2引数で探したい特定の文字列を指定します。

例えば、「XY-001-BK」という文字列の中で、「-」が何文字目にあるかを調べるためのコードは次の通りです。

```
InStr("XY-001-BK", "-")
```

この場合、"XY-001-BK"が対象文字列、"-"が検索文字列となります。このコードを実行すると、最初の「-」が3文字目に位置しているため、「3」が返されます。

配列

変数	配列
1つの値を格納	複数の値を格納
・名前を付けることができる ・名前を記述することで値を代入したり利用できる	

配列とは、複数の値を格納できる記憶領域です。変数とよく似ていて、名前を付けられて、その名前をコードに記述することによって、値を代入したり、利用したりできます。しかし変数は1つの値を格納するのに対し、配列は複数の値を格納できる点が異なります。配列は「配列変数」と呼ばれることがありますが、本書では「配列」と呼びます。

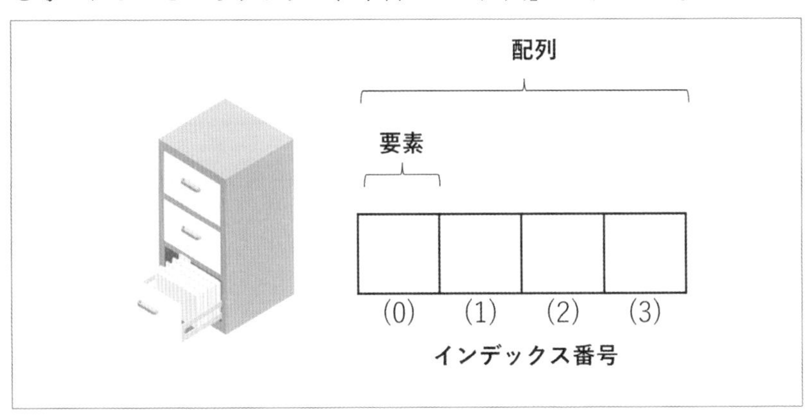

配列は複数の部屋のように分けて値を格納します。1つひとつの部屋のようなものは「要素」と呼ばれます。1つの要素を指定するには、インデックスという番号で指定します（インデックス番号と呼ばれたり、インデックスと呼ばれたりしますが、本書ではインデックス番号と呼んでいます）。

配列の要素をコードで指定するには、例えば「配列名(0)」「配列名(1)」などと記述します。VBA において配列のインデックス番号は通常「0」から始まります（一部の例外を除きます）。

PART

8

シートやブックを一括処理するマクロを作ってみよう

この章のサポートページで閲覧できます。
https://excel23.com/chat-vba#part8

アイ子：さぁ、最後の仕上げよ！　複数のシート、複数のブックを連続で処理できるマクロを作ってみましょう。

新宮君：おぉ！1つのマクロを実行するだけで、仕事がすべて終わるマクロですね！　楽しみです。

アイ子：これで新宮君のExcel仕事も劇的にラクになるはずよ。ただし、決して簡単なマクロではないから、これまで学んだ知識をフル活用する必要があるわ。

新宮君：そうですよね……。難しいんですよね。ゴクリ……。

アイ子：でも安心して！　ChatGPTをフル活用すれば、コードを記述する労力も大幅に軽減できるの。ChatGPTに命令するためのポイントもいくつかあるから、しっかり聞いて実践してね！

まずは単一のシートを処理するマクロをChatGPTと一緒に作る

本章では、ChatGPTに各ブックですべてのシートを処理するコードを書いてもらいましょう。

本章の最終ゴール

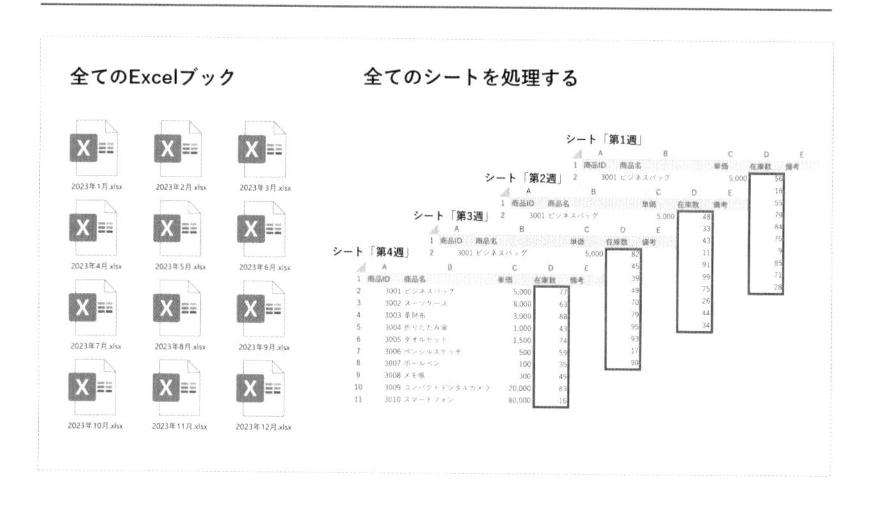

本章の最終ゴールは以下のようなものです。

- 同じフォルダー内にあるすべての Excel ブックを連続で開く
- 各ブックで、すべてのシートを処理する

このようなマクロを ChatGPT と一緒に作成するプロセスを見ていきましょう。

まずは、単一ブックの単一シートを対象にコードを作成する

▼ 最終ゴールまでのステップ

STEP1 単一シートを処理する

STEP2 複数シートを連続処理する

STEP3 開いている複数ブックを連続処理する

STEP4 フォルダー内の全ブックを連続処理する

ここでは、教材ファイルの「在庫チェック.xlsx」を使用します。

マクロを作成する際、初めから複数のブックや複数のシートを処理するコードを作るのは避けましょう。コードが複雑になり、デバッグ（動作確認）が難しくなるからです。初心者にとっては混乱の素なのです。

初心者におすすめなのは、最初は単一のシートを処理するコードを作り、その動作をしっかり確認することです。

今回は、「第1週」というシートのみを対象にコードを作成します。

	A	B	C	D	E
1	商品ID	商品名	単価	在庫数	備考
2	3001	ビジネスバッグ	5,000	56	
3	3002	スーツケース	8,000	16	
4	3003	革財布	3,000	55	
5	3004	折りたたみ傘	1,000	79	
6	3005	タオルセット	1,500	84	
7	3006	ペンシルスケッチ	500	75	
8	3007	ボールペン	100	9	
9	3008	メモ帳	300	85	
10	3009	コンパクトデジタルカメラ	20,000	71	
11	3010	スマートフォン	80,000	28	

ChatGPTにゼロからコードを生成してもらいましょう。

プロンプト（命令文）の例：

Excelで 在庫が少ない商品データを目立たせる というマクロを作るため、VBAのコードを生成してください。

現在の状況
・シート名は「第1週」です。
・D列に「在庫数」、E列に「備考」があります。

マクロのゴール
・在庫数が50個未満であることを基準にします。
・在庫数が少ない場合、D列のセルを薄い黄色で塗りつぶします。
・在庫数が少ない場合、E列のセルに「在庫少」という文字列を代入します。

初期化処理
・最終行を取得した後、以下の初期化処理を行ってください。
・マクロ実行直後、D列の塗りつぶしの色をクリアする初期化処理
・マクロ実行直後、E列のセルの値をクリアする初期化処理

制約条件
・セルを連続処理する際は「For Each」の代わりに、「For i = 1 To LastRow」のように記述してください。
・配列やその他の難しい文法を用いないでください。

上記のプロンプトは、PART6で使用したものとほぼ同じです。ただし、シート名が「第1週」に変わっていること、6-3で解説した「初期化処理」が要件に加わっていることに注意してください。また、「### 制約条件 ###」では、初心者にとって理解しやすいコードを生成するため、For Each構文を避けてFor～Next構文を使用すること、配列やその他の難しい文法を使用しないことを条件として設定しています。

補足 制約条件が無視されたら、もう一度回答を出力しよう

もし制約条件に反してFor Each構文や配列などの文法を用いたコードが生成されてしまった場合、もう一度プロンプトに制約条件を貼り付けて送信するか、ChatGPTのチャット欄上部にある「Regenerate response」ボタンを押して、回答を再生成してください。その結果、制約条件を満たすコードが出力される可能性があります。

回答例（コードとして表示）：

```
Sub HighlightLowInventory1()
    Dim ws As Worksheet
    Dim LastRow As Long
    Dim i As Long

    ' シート名を指定          ' ①
    Set ws = ThisWorkbook.Sheets("第1週")

    ' 最終行を取得            ' ②
    LastRow = ws.Cells(ws.Rows.Count, "D").End(xlUp).Row

    ' 初期化処理：D列の塗りつぶしの色をクリア          ' ③
    ws.Range("D2:D" & LastRow).Interior.Pattern = xlNone

    ' 初期化処理：E列のセルの値をクリア       ' ④
    ws.Range("E2:E" & LastRow).ClearContents

    ' 在庫数が少ない商品を目立たせる処理      ' ⑤
    For i = 2 To LastRow
        If ws.Cells(i, "D").Value < 50 Then
            ' 在庫数が50未満の場合、D列のセルを薄い黄色で塗りつぶす   ' ⑥
            ws.Cells(i, "D").Interior.Color = RGB(255, 255, 153)
```

```
            ' 在庫数が 50 未満の場合、E 列のセルに「在庫少」という文字列を代入
            する　'⑦
            ws.Cells(i, "E").Value = " 在庫少 "
        End If
    Next i
End Sub
```

上記のようなコードがChatGPTによって生成されました。ただし、ChatGPTの回答は毎回異なる可能性があります。ここでは説明の便宜上、上記と同じコードが出力されたものと仮定して説明を進めます。また、説明の都合上、コメントに「①,②,③…」という番号を付加しています。1行のコードが長い場合は、「 _」を挿入してコードを途中改行しています。

コードの解説

①シート名の指定

最初に、操作対象とするシートを変数「ws」に代入します。この例では、「ThisWorkbook.Sheets(" 第1週 ")」と記述して、マクロ保存ブックの「第1週」という名前のシートを指定しています。これ以降、「ws.」から始まるコードはすべてこのシートを対象とすることになります。

②最終行の取得

次に、「ws.Cells(ws.Rows.Count, "D").End(xlUp).Row」を使用して、シートの最終行を取得し、その値を変数「LastRow」に代入します。Cellsの第2引数が「"D"」になっているため、D列から最終行を取得している点に注意しましょう。

③ D列のセルの塗りつぶしをクリア

セルの塗りつぶしの色をクリアするため「ws.Range("D2:D" & LastRow).Interior.Pattern = xlNone」と記述しています。セル範囲は

「Range("D2:D" & LastRow)」とすることで、セルD2からD列の最終行(LastRow)までの範囲を指定します。また、「.Interior.Pattern = xlNone」は、PART7「7-1　図形を全シートで一括削除するマクロ」でも紹介した通り、セルの塗りつぶしをクリアするコードです。

④ E列のセルの値をクリア

セルの値をクリアするため「ws.Range("E2:E" & LastRow).ClearContents」と記述しています。「.ClearContents」は3-4の「補足」でも紹介した通り、セルの値のみをクリアするメソッドです。

⑤在庫数が少ない商品を目立たせる処理

「For i = 2 To LastRow」で、2行目から最終行までのセルに対しては以下の処理を繰り返します。

⑥在庫数が50未満の場合、D列のセルを薄い黄色で塗りつぶす

在庫数が50未満であることを判定するために「If ws.Cells(i, "D").Value < 50 Then」と記述しています。続いてD列のセルに「薄い黄」の塗りつぶしの色を適用するため、「ws.Cells(i, "D").Interior.Color = RGB(255, 255, 153)」と記述しています。PART「7-2　表のスタイルを一瞬で整えるマクロ」でも紹介した通り、「.Interior.Color」はセルの塗りつぶしの色を設定するプロパティです。

⑦在庫数が50未満の場合、E列のセルに「在庫少」という文字列を代入

また、「ws.Cells(i, "E").Value = "在庫少"」によって、在庫数が50未満の場合、E列のセルに「在庫少」という文字列を代入します。

デバッグ(動作確認)を行う

VBEのコードウィンドウに上記のコードを貼り付け、その動作を確認してみましょう。

［コードを貼り付ける手順］

1.Excel から VBE を起動する（「開発」タブから「Visual Basic」ボタンをクリックするか、ショートカットキー Alt+F11）

2.VBE で、「挿入」メニューから「標準モジュール」を選択

3. コードウィンドウに、上記のコードを貼り付ける

実行結果：

	A	B	C	D	E
1	商品ID	商品名	単価	在庫数	備考
2	3001	ビジネスバッグ	5,000	56	
3	3002	スーツケース	8,000	16	在庫少
4	3003	革財布	3,000	55	
5	3004	折りたたみ傘	1,000	79	
6	3005	タオルセット	1,500	84	
7	3006	ペンシルスケッチ	500	75	
8	3007	ボールペン	100	9	在庫少
9	3008	メモ帳	300	85	
10	3009	コンパクトデジタルカメラ	20,000	71	
11	3010	スマートフォン	80,000	28	在庫少
12					

コードを実行した結果、上記のように正常に動作したことが確認できました。

8/2 複数のシートを連続処理するコードに変更する

複数のシートを連続処理するコードに変更する

シート「第1週」

	A	B	C	D	E
1	商品ID	商品名	単価	在庫数	備考
2	3001	ビジネスバッグ	5,000	56	
				16	
				55	
				79	
				84	
				75	
				9	
				85	
				71	
				28	

シート「第2週」

	A	B	C	D	E
1	商品ID	商品名	単価	在庫数	備考
2	3001	ビジネスバッグ	5,000	48	
				33	
				43	
				11	
				91	
				99	
				75	
				26	
				44	
				34	

シート「第3週」

	A	B	C	D	E
1	商品ID	商品名	単価	在庫数	備考
2	3001	ビジネスバッグ	5,000	82	
				45	
				39	
				49	
				70	
				79	
				95	
				93	
				17	
				90	

シート「第4週」

	A	B	C	D	E
1	商品ID	商品名	単価	在庫数	備考
2	3001	ビジネスバッグ	5,000	77	
3	3002	スーツケース	8,000	63	
4	3003	革財布	3,000	88	
5	3004	折りたたみ傘	1,000	43	
6	3005	タオルセット	1,500	74	
7	3006	ペンシルスケッチ	500	59	
8	3007	ボールペン	100	35	
9	3008	メモ帳	300	49	
10	3009	コンパクトデジタルカメラ	20,000	83	
11	3010	スマートフォン	80,000	16	

先ほどは単一のシートを処理するコードを作成しました。次に、このコードを複数のシートを連続処理するコードに変更してみましょう。

プロンプト（命令文）の例：

上記のコードに変更を加えてください。

\### 変更内容 ###

・ブック内にある全シートを対象に、同じ処理を行う。

\### 制約条件 ###

・上記の「変更内容」に直接関係のない部分のコードを改変しないでください。

・シートを連続処理する際は「For Each」の代わりに、「For i = 1 To Sheets.Count」のように記述してください。

（新しいチャットから始める場合は、既存のコードを貼り付ける）

上記のプロンプトでは、「### 変更内容 ###」でコードに対する変更要望を明確に伝えています。「### 制約条件 ###」では、「変更内容」に直接関係のない部分のコードを改変しないことを強調しています。これは、ChatGPT が時々そのような改変を行ってしまうかもしれないからです。また、初心者にとって理解しやすいコードを生成するため、For Each 構文ではなく For ～ Next 構文を使用することを条件としています。

補足〉制約条件が無視されたらもう一度プロンプトを送信

制約条件にもかかわらずFor Each 構文を用いたコードが生成された場合、ChatGPT のチャット欄上部の「Regenerate response」ボタンを押して、回答を再生成してみてください。制約条件を満たすコードが出力される可能性があります。しかし、何度も再生成してもうまくいかない場合は、『シートを連続処理する際は「For Each」の代わりに、「For i = 1 To Sheets.Count」のように記述してください。』というプロンプトをもう一度送信してください。こうすると、制約条件を満たすコードが出力される可能性があります。

回答例（コードとして表示）：

```
Sub HighlightLowInventory2()
    Dim ws As Worksheet
    Dim LastRow As Long
    Dim i As Long

    ' シートを連続処理するループ        ' ①
    For i = 1 To Sheets.Count
        Set ws = ThisWorkbook.Sheets(i)

        ' 最終行を取得
        LastRow = ws.Cells(ws.Rows.Count, "D").End(xlUp).Row
```

```
        ' 初期化処理：D 列の塗りつぶしの色をクリア
        ws.Range("D2:D" & LastRow).Interior.Pattern = xlNone

        ' 初期化処理：E 列のセルの値をクリア
        ws.Range("E2:E" & LastRow).ClearContents

        ' 在庫数が少ない商品を目立たせる処理    ' ②
        Dim rowNum As Long
        For rowNum = 2 To LastRow
            If ws.Cells(rowNum, "D").Value < 50 Then
                ' 在庫数が 50 未満の場合、D 列のセルを薄い黄色で塗りつぶす
                ws.Cells(rowNum, "D").Interior.Color = RGB(255, 255,
                153)

                ' 在庫数が 50 未満の場合、対応する E 列のセルに「在庫少」という
                文字列を代入する
                ws.Cells(rowNum, "E").Value = " 在庫少 "
            End If
        Next rowNum
    Next i
End Sub
```

上記のようなコードを ChatGPT が生成しました。説明の都合上、コメントに「①,②」という番号を付加しています。また、1 行のコードが長い場合は「 _」を挿入してコードを途中改行しています。

コードの解説

①シートを連続処理するループ

4-5 で紹介したように、すべてのシートを連続処理する For ～ Next

構文は以下の通りです。

```
For i = 1 To Sheets.Count
    'Sheets(i)に対する処理
Next i
```

続いて「Set ws = ThisWorkbook.Sheets(i)」で現在処理すべきシートを変数wsに設定します。これにより、ワークブック内の各シートが順番に処理されます。

②在庫数が少ない商品を目立たせる処理

①以降のコードについては、基本的に前回のコードと同様です。ただし、②のFor～Next構文のカウンター変数は「i」ではなく「rowNum」という変数名に変わった点に注意して下さい。これは、①で新たに変数名「i」のカウンター変数を使い始めたため、それと重複しさせないためです。

補足 関係ない部分のコードが改変されることがあるので注意

プロンプトの「### 制約条件 ###」に「上記の「変更内容」に直接関係のない部分のコードは改変しないでください」と記載しているにも関わらず、ChatGPTがこの制約条件を無視することがあります。疑問が生じた場合は、PART6「6-3　新しい機能を追加するためのコードを描いてもらう」で紹介した通り、Diffツールなどを使用してコードの変更点を確認することをおすすめします。

デバッグ（動作確認）の手順

VBEのコードウィンドウに上記のコードを貼り付け、その動作を確認しましょう。

コードの実行結果：

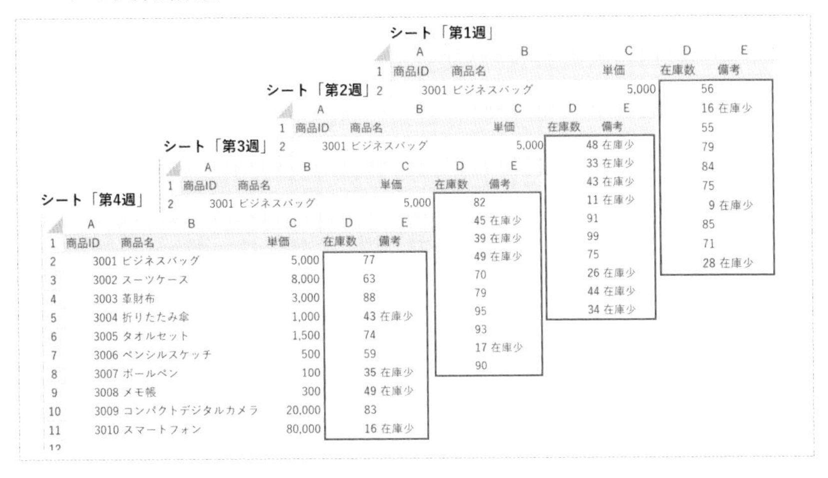

	A	B	C	D	E
1	商品ID	商品名	単価	在庫数	備考
2	3001	ビジネスバッグ	5,000	77	
3	3002	スーツケース	8,000	63	
4	3003	革財布	3,000	88	
5	3004	折りたたみ傘	1,000	43	在庫少
6	3005	タオルセット	1,500	74	
7	3006	ペンシルスケッチ	500	59	
8	3007	ボールペン	100	35	在庫少
9	3008	メモ帳	300	49	在庫少
10	3009	コンパクトデジタルカメラ	20,000	83	
11	3010	スマートフォン	80,000	16	在庫少
12					

上記のコードを実行したところ、全シートが連続で処理されたことが確認できました。

起こりうる不具合やエラー

筆者が検証した範囲では、以下のようなエラーが発生することもありました。

「コンパイルエラー：変数が定義されていません。」

ChatGPTが以下のようなコードを生成した際にこのエラーが発生します。

コードの例：

```
' 在庫数が少ない商品を目立たせる処理
For j = 2 To LastRow
    If ws.Cells(j, "D").Value < 50 Then
        ' 在庫数が 50 未満の場合、D 列のセルを薄い黄色で塗りつぶす
        ws.Cells(j, "D").Interior.Color = RGB(255, 255, 153)

        ' 在庫数が 50 未満の場合、E 列のセルに「在庫少」という文字列を代入する
```

```
            ws.Cells(j, "E").Value = "在庫少"
        End If
    Next j
```

これは、カウンター変数「j」を使用して、Cell (j, "D")、Cells (j, "E") を連続で処理するためのコードです。しかし、変数「j」の宣言コードが記述されていません。そのため、ChatGPT にエラーメッセージをそのまま送信するか、「変数 j が宣言されていないようです。宣言文を追加してもう一度コードを出力してください」と要求するとよいでしょう。もしくは、次のコードを For ～ Next 構文の上に追加してください。

コードの例：

```
Dim j As Long    '変数 j を宣言する
```

この宣言文をコードに追加することで、エラーが解消されるはずです。

8/3 複数のブックを一括処理するマクロをChatGPTと一緒に作る

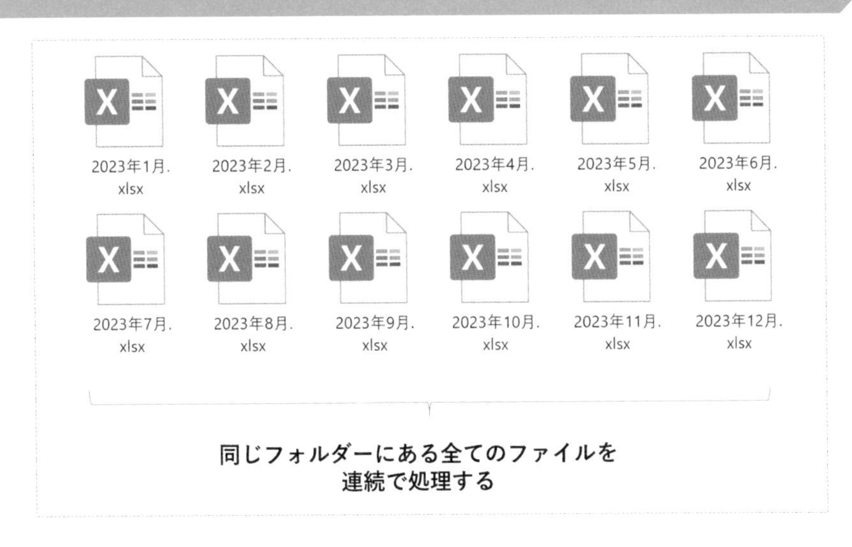

先ほどは、複数のシートを連続で処理するマクロを作成しました。それを改変し、今度は複数のブックを連続で処理するマクロに変更してみましょう。

具体的なケース

教材ファイルの「PART8 教材」フォルダ内には、「2023 年 1 月 .xlsx」〜「2023 年 12 月 .xlsx」という名前の 12 個の Excel ブックが含まれています。これらすべてを処理するマクロを作成します。

フォルダの「パス」をコピーしておく

マクロを作成する準備として、上記の教材ファイルが保存されている「パス」をコピーしておきましょう。パスとは、ファイルの保存場所を示す住所のような情報です。

パスをコピーする方法：

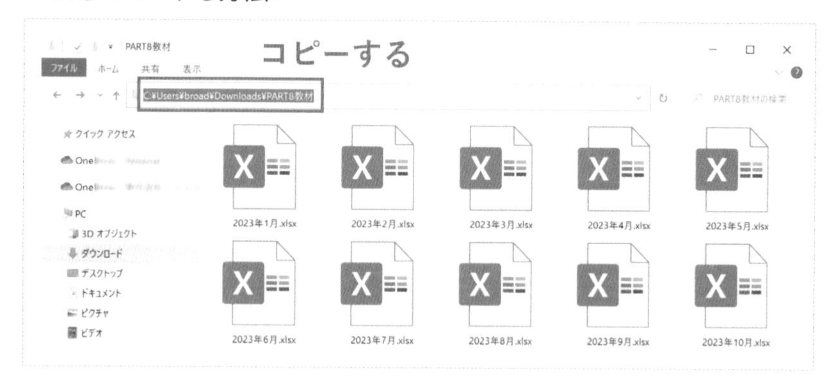

1. 教材ファイルが保存されているフォルダを開く
2. エクスプローラの上部のアドレス欄をクリックする
3. パスが表示されるので、コピーする

例えば、以下のようなパスが取得されます。

パスの例：

C:¥Users¥［ユーザー名］¥Downloads¥PART8 教材

［ユーザー名］は、PC ごとに設定が異なります。筆者の場合は「broad」となっていますが、必ずご自身のユーザー名を確認してください。

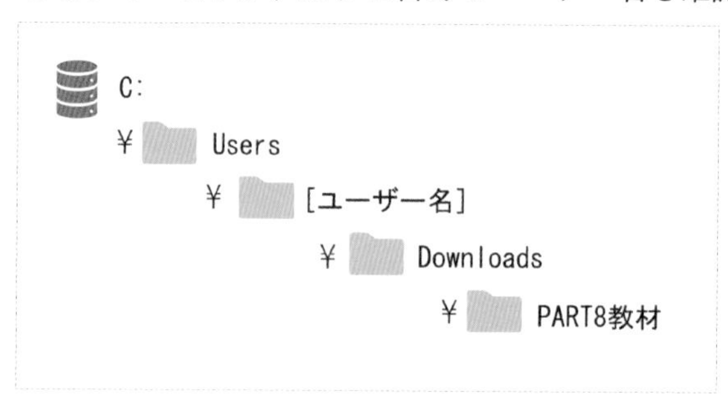

パスは、フォルダの階層を「¥」でつなげることで記述されます。今回は、「ダウンロード」フォルダ内に「PART8 教材」というフォルダがあり、その中に教材 Excel ファイルが入っています。

フォルダ内のExcelブックをすべて処理する

上記でコピーしたパスを利用して、そのフォルダ内にある Excel ブックをすべて連続処理するコードを作成します。

プロンプト（命令文）の例：

上記のコードに変更を加えてください。

変更内容
・以下のフォルダーにある全ての Excel ブック（.xslx）を順番に開き、同じ処理を行う。
C:¥Users¥［ユーザー名］¥Downloads¥PART8 教材
・ブック内のすべてのシートに同じ処理を行う。
・処理したブックは、保存して閉じる。

制約条件
・ファイル操作は Dir 関数を使用して行ってください。
・上記の「変更内容」に直接関係のない部分のコードを改変しないでください。
・シートを連続処理する際は「For Each」の代わりに、「For i = 1 To Sheets.Count」のように記述してください。
（新しいチャットから始める場合は、既存のコードを貼り付ける）

補足〉ユーザー名は自分の PC に合わせて変更

［ユーザー名］はご自身の PC に合わせて変更してください。また ChatGPT の画面では、「¥」は「\」（バックスラッシュ）に置き換えて表示される点に注意してください。

上記のプロンプトでは、「Excelブック（.xlsx）」と拡張子を指定しています。「xlsx」と指定することで、VBAを保存するブック（.xlsm）を処理の対象から除外できます。「ブック内のすべてのシートに同じ処理を行う」という機能は、先ほど8-1で作成しましたが、ChatGPTの出力するコードには1つ前に生成したコードが正確に反映されないことがあります。そのため、あらためて今回のプロンプトにも明記することで、ChatGPTが反映する確率を高めています。

「### 制約条件 ###」に、「ファイル操作はDir関数を使用して行ってください。」と記述しています。これは、今回のマクロのようにExcelブックを連続で開いて処理する場合、ファイル操作の処理をコードに書くことになりますが、初心者でもわかりやすいように、その方法を絞り込むために記述しています。

回答例（コードとして表示）：

```
Sub HighlightLowInventory3()
    Dim FolderPath As String
    Dim FileName As String
    Dim wb As Workbook
    Dim ws As Worksheet
    Dim LastRow As Long
    Dim i As Long

    ' フォルダーパスを指定    ' ①
    FolderPath = "C:¥Users¥[ユーザー名]¥Downloads¥PART8 教材¥"

    ' フォルダ内のExcelファイルを順番に処理    ' ②
    FileName = Dir(FolderPath & "*.xlsx")
    Do While FileName <> ""
        ' Excelファイルを開く    ' ③
        Set wb = Workbooks.Open(FolderPath & FileName)

        ' シートを連続処理するループ
```

```
For i = 1 To wb.Sheets.Count
    Set ws = wb.Sheets(i)

    ' 最終行を取得
    LastRow = ws.Cells(ws.Rows.Count, "D").End(xlUp).Row

    ' 初期化処理：D 列の塗りつぶしの色をクリア
    ws.Range("D2:D" & LastRow).Interior.Pattern = xlNone

    ' 初期化処理：E 列のセルの値をクリア
    ws.Range("E2:E" & LastRow).ClearContents

    ' 在庫数が少ない商品を目立たせる処理
    Dim rowNum As Long
    For rowNum = 2 To LastRow
        If ws.Cells(rowNum, "D").Value < 50 Then
            ' 在庫数が 50 未満の場合、D 列のセルを薄い黄色で塗りつぶす
            ws.Cells(rowNum, "D").Interior.Color = RGB(255, 255,
            153)

            ' 在庫数が 50 未満の場合、対応する E 列のセルに「在庫少」とい
            う文字列を代入する
            ws.Cells(rowNum, "E").Value = " 在庫少 "
        End If
    Next rowNum
Next i

' ブックを保存して閉じる    ' ④
wb.Close SaveChanges:=True

' 次の Excel ファイルを取得    ' ⑤
FileName = Dir
```

```
    Loop
End Sub
```

上記のようにChatGPTがコードを生成しました。説明の都合上、コメントに「①,②,③…」という番号を付加しています。また、1行のコードが長い場合は「 _」を挿入してコードを途中改行しています。

コードの解説

①フォルダパスを指定する

以下のコードは、FolderPathという変数にフォルダパスを指定しています。

```
FolderPath = "C:¥Users¥[ユーザー名]¥Downloads¥PART8 教材¥"
```

このコードで、FolderPath変数には"C:¥Users¥[ユーザー名]¥Downloads¥PART8教材¥"という文字列が格納されます。このとき、[ユーザー名]の部分は実際のユーザーネームに置き換えて使用します。

②フォルダ内のExcelファイルを順次処理する

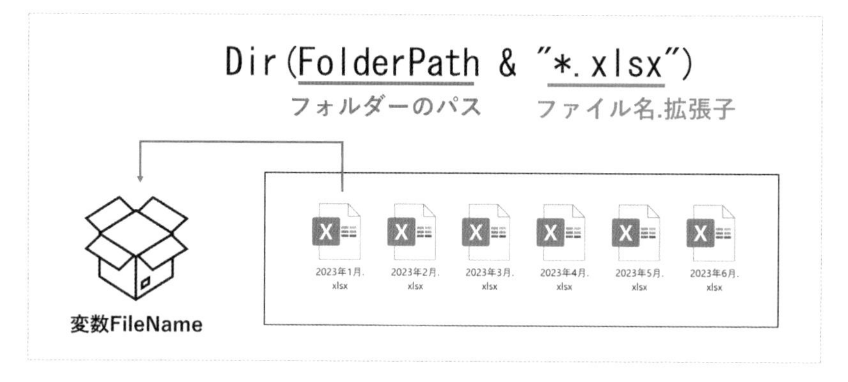

この部分のコードは、「Dir関数」というVBA関数を使用しています。具体的には以下のように記述されています。

```
FileName = Dir(FolderPath & "*.xlsx")
```

このコードの右辺の「Dir(FolderPath & "*.xlsx")」によって、変数FolderPathに代入したフォルダ内の「*.xlsx」に一致するファイルを順番に1つずつ取得します。「*」はワイルドカードと呼ばれ、任意の文字列を表します。したがって「*.xlsx」と記述することで、拡張子が.xlsxで終わる任意のファイル名をすべて指定できるのです。

③ Excelファイルを開く

現在閉じているExcelブックを開くには、「Workbooks.Open」メソッドを使用します。

```
Workbooks.Open("パス¥ファイル名.拡張子")
```

以上のコードで、Excelブックが開かれます。ここでは、変数FolderPathに代入されているパスと、変数FileNameに代入されているファイル名と拡張子が「&」で結合されます。その結果、指定したExcelブックを開くことができます。

```
Set wb = Workbooks.Open(FolderPath & FileName)
```

というコードでは、右辺で開いたExcelブックがwbという変数に代入されます。

④ブックを保存して閉じる

ブックを保存して閉じるために、以下のコードを使用しています。

```
wb.Close SaveChanges:=True
```

これは、ブックの「Closeメソッド」を使用してブックを閉じる処理です。引数に「SaveChanges:=True」と指定することで、Excelブックを閉じる前に変更内容を保存することを指示しています。

⑤次の Excel ファイルの取得方法

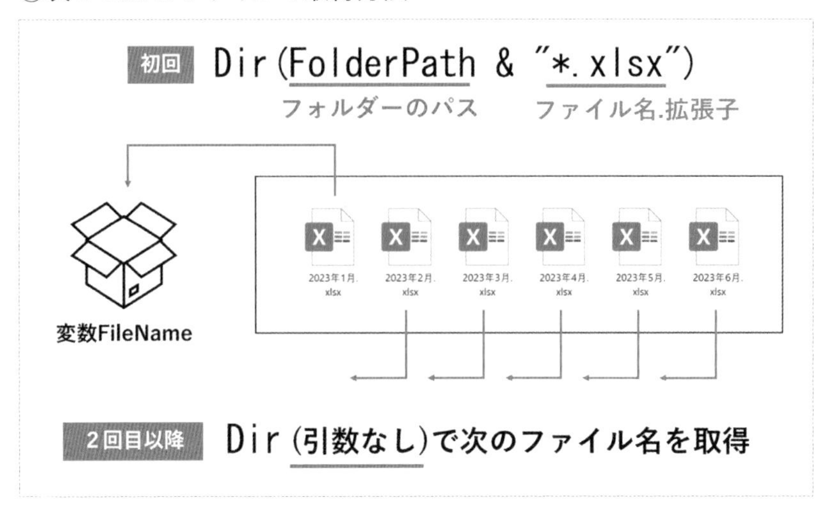

ここでは、再度 Dir 関数を利用しています。

```
FileName = Dir
```

このコードでは、Dir 関数を引数なしで記述しています。Dir 関数は初回に実行するときは②の「Dir(FolderPath & "*.xlsx")」のように引数を記述しますが、2回目以降に使用するときは、引数を省略して記述することで、初回と同じ条件で次のファイル名を取得します。

⑥繰り返し処理について：

コードの大部分では、以下の「Do While ～ Loop」構文を使用しています。

書式：

```
Do While FileName <> ""
    '処理内容
Loop
```

「Do While ～ Loop」は特定の条件が満たされている間、繰り返し処理を行うための構文です。その後に続く条件式が真（つまり、その条件が満たされている）である間、中の処理が繰り返されます。条件が偽になると（つまり、その条件が満たされなくなると）、繰り返し処理は終了します。今回の場合、条件式として「FileName <> ""」が用いられています。これは、Dir 関数で取得したファイル名が FileName 変数に代入され、次に取得するファイル名が存在する限り、繰り返し処理を続けることを意味しています。これにより、フォルダ内の全ブックが処理されます。

デバッグ（動作確認）を行う

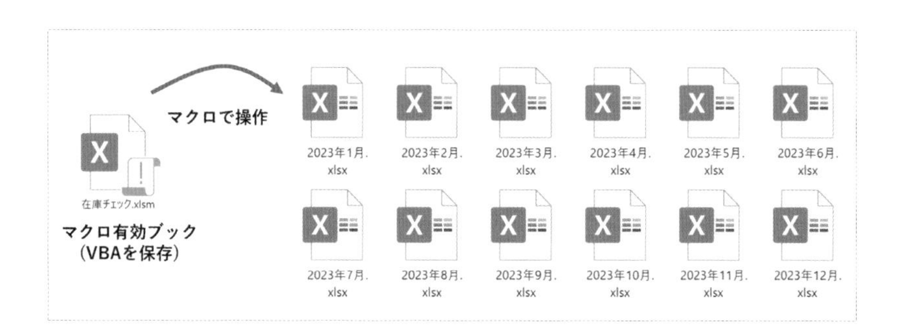

今回は、マクロを保存するブックは独立して作成することで、その処理対象となるブックと明確に区別しています。

コードの実行結果：

マクロが正常に動作した場合、指定されたフォルダ内のすべての Excel ブックに対して、全シートが処理されたことが確認できます。

可能性のある問題やエラー

筆者が検証した限りでは、以下のようなエラーが発生する可能性があります。

①コードを実行しても何も起こらない

これは、フォルダのパスが正しく設定されていない可能性があります。例えば、ChatGPTが生成したコードに以下のような記述があるとします。

```
'フォルダーパスを指定
FolderPath = "C:¥Users¥[ユーザー名]¥Downloads¥PART8教材¥"
```

ここで、[ユーザー名]の部分は、あなたのPCのユーザー名に手動で置き換える必要があります。この部分の置き換えを忘れると、存在しないパスとして認識され、マクロが正常に動作しません。

②実行時エラー 76：パスが見つかりません。

これも、上記の①と同じ理由が考えられます。パスの[ユーザー名]部分を置き換えるのを忘れてしまった結果、存在しないパスと認識されてしまった可能性があります。

ファイルを開く処理にはFileSystemObject（FSO）を使う方法もある

今回のマクロでは複数のExcelブックを順番に開き、それぞれに対して処理を行いました。このような操作を行うには、連続してファイルを開くコードが必要となります。この際、ChatGPTが生成するコードは主に以下の2つのパターンが存在します。

① Dir関数を使用するパターン
② FileSystemObjectを使用するパターン

ChatGPTの生成する回答は毎回異なるため、上記のどちらかを利用したコードが生成されることがあります。① Dir 関数を使用するパターンについては、既に説明しました。② FileSystemObject（略称「FSO」）を使用するパターンは、VBA 上級者向けの方法であるため、本書では詳細な説明を行いません。ただし、生成したコードが FSO を使用しているかを読者自身が判断できるように、その特徴を説明します。

FSO を使用したコードには、以下のような特徴があります。

FSO のオブジェクトを作成するコードの例

```
Dim FSO As Object

（中略）

' FileSystemObjectを作成
Set FSO = CreateObject("Scripting.FileSystemObject")
```

「FileSystemObject」は、Windows が提供するファイル管理機能を利用するためのオブジェクトです。上記のコードでは、Excel からそのオブジェクトを利用する準備を行っています。このようなコードが含まれている場合は、ChatGPT が② FSO を使用するパターンでコードを生成していると判断できます。

もしも FSO を使用したコードを理解するのが困難であると感じた場合は、ChatGPT に依頼して「FSO ではなく Dir 関数を使用してコードを書き直してください」などとコードを再度生成し直すのも 1 つの手段です。

8/4 マクロ保存ブックと同じフォルダ内のブックを処理する

8-3までの学習で、複数のブックを連続で処理するVBAを作成しました。しかし、まだ解決しきれていない問題があります。それは、以下のように、コード内でフォルダのパスを直接指定しなければならない点です。

C:¥Users¥［ユーザー名］¥Downloads¥PART8教材¥

上記のようにパスを直接指定する方法では、処理対象のフォルダが変わった場合、都度VBAコードを書き換える必要があります。しかし、これには手間がかかります。

そこで、次に紹介する方法でこの問題を解決しましょう。

マクロ有効ブックと同じフォルダのパスを自動取得（ThisWorkbook.Path）

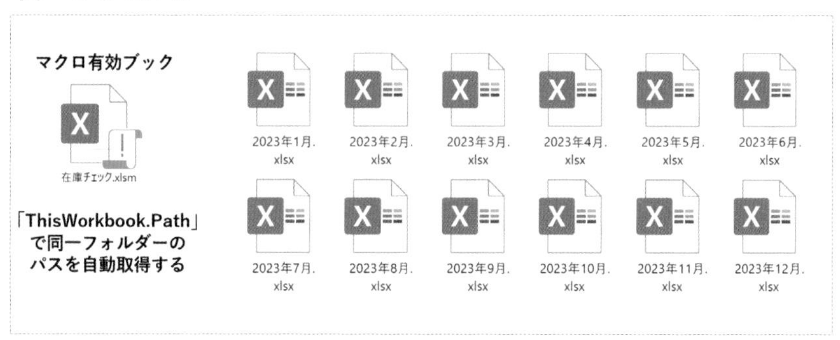

前提条件：

VBAを保存するマクロ有効ブックは、処理対象のExcelブックと同じフォルダに保存しておきます。

方法：

VBAで、「ThisWorkbook.Path」というコードを使用することで、マクロ有効ブックと同じフォルダのパスを自動的に取得できます。このパスをマクロの処理対象に設定することで、マクロ有効ブックと同じフォルダにあるExcelブックを一括処理できるようになります。

プロンプト（命令文）の例：

上記のコードに変更を加えてください。

変更内容

・マクロ有効ブックと同じフォルダー内のブックを処理対象に変更する。

・フォルダは、ThisWorkbook.Pathでパスを指定する。

制約条件

・上記の「変更内容」に直接関係のない部分のコードを改変しないでください。

（新しいチャットから始める場合は、既存のコードを貼り付ける）

回答例（コードとして表示）：

```
Sub HighlightLowInventory4()
    Dim FolderPath As String
    Dim FileName As String
    Dim wb As Workbook
    Dim ws As Worksheet
    Dim LastRow As Long
    Dim i As Long

    ' フォルダパスを指定    ' ①
    FolderPath = ThisWorkbook.Path & "¥"

    ' フォルダ内のExcelファイルを順番に処理    ' ②
    FileName = Dir(FolderPath & "*.xlsx")
    Do While FileName <> ""
        ' Excelファイルを開く
```

```
Set wb = Workbooks.Open(FolderPath & FileName)

' シートを連続処理するループ
For i = 1 To wb.Sheets.Count
    Set ws = wb.Sheets(i)

    ' 最終行を取得
    LastRow = ws.Cells(ws.Rows.Count, "D").End(xlUp).Row

    ' 初期化処理：D 列の塗りつぶしの色をクリア
    ws.Range("D2:D" & LastRow).Interior.Pattern = xlNone

    ' 初期化処理：E 列のセルの値をクリア
    ws.Range("E2:E" & LastRow).ClearContents

    ' 在庫数が少ない商品を目立たせる処理
    Dim rowNum As Long
    For rowNum = 2 To LastRow
        If ws.Cells(rowNum, "D").Value < 50 Then
            ' 在庫数が 50 未満の場合、D 列のセルを薄い黄色で塗りつぶす
            ws.Cells(rowNum, "D").Interior.Color = RGB(255, 255,
            153)

            ' 在庫数が 50 未満の場合、対応する E 列のセルに「在庫少」とい
            う文字列を代入する
            ws.Cells(rowNum, "E").Value = " 在庫少 "
        End If
    Next rowNum
Next i

' ブックを保存して閉じる
wb.Close SaveChanges:=True
```

```
        ' 次の Excel ファイルを取得
        FileName = Dir
    Loop
End Sub
```

ChatGPTは、上記のようにコードの変更結果を出力しました。説明の都合上、コメントに「①,②」という番号を付加しています。また、1行のコードが長い場合は「 _」を挿入してコードを途中改行しています。

コードの解説

①フォルダパスを指定する

今回のコードでは、フォルダパスの指定に関して、前回のコードとは異なり、以下のように記述しています。

```
FolderPath = ThisWorkbook.Path & "¥"
```

このコードでは、「ThisWorkbook.Path」を使用しています。ThisWorkbookは、現在のマクロを実行しているワークブックを指します。「.Path」プロパティによって、このブックが保存されているフォルダのパスを取得できます。そして、そのパスの後に「¥」を追加しています。これにより、現在のワークブックが存在するフォルダのパスがFolderPath変数に代入されます。

② Excelファイルを順次処理し、ハイライト処理する

この部分以降のコードは、前回のコードと基本的に同一です。

［注意］OneDrive 同期フォルダでは「ThisWorkbook.Path」が使用できない

クラウドサービス「OneDrive」に同期しているフォルダ内に保存されている Excel ブックでは、「ThisWorkbook.Path」が使用できない点に注意してください。

このようなブックで ThisWorkbook.Path を使用しようとすると、クラウド上に同期された Web のアドレスを取得してしまうことがあります。残念ながら、VBA ではこのアドレスを使用することができず、エラーの原因となります。「ThisWorkbook.Path」を使用する前に、OneDrive に同期していない場所に Excel ブックや教材ファイルを保存することをおすすめします。

どのフォルダが One Drive と同期されているかを確認する方法は以下の通りです。

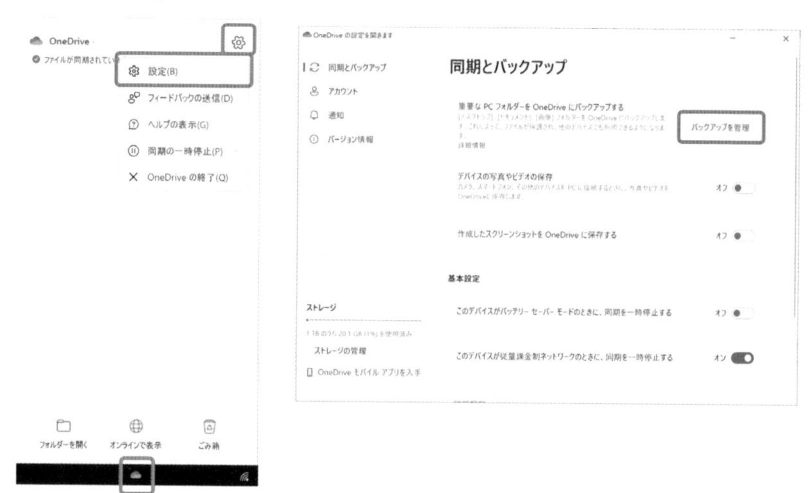

1. タスクバーの One Drive のアイコンをクリックし、右上の歯車⚙アイコンから「設定」を選択
2. One Drive の設定画面で「同期とバックアップ」タブ内の「バックアップを管理」ボタンを選択

上記の操作の後に表示される画面でスイッチが有効になっているフォルダは、OneDriveと同期しているフォルダです。多くの場合、「ドキュメント」「写真」「デスクトップ」などのフォルダが同期されていますが、設定はユーザーごとに異なるため、自身の環境を確認してください。

あとがき

本書を最後までお読みいただき、心から感謝いたします。
「ChatGPT」の力を借りながら、Excelマクロの基本から始め、より複雑なマクロを作成する方法やエラーを解決する方法まで幅広く学習しました。
本書を通して学んだことを実践していただくことで、ご自身の業務効率化につなげていくことを心より願っております。

これからもAIの進化は止まることなく、私たちの働き方や学び方に大きな影響を与え続けるでしょう。私自身もその変化に対応すべく、AIとの新たな働き方、学び方を研究していきたいと思っています。

最後になりましたが、本書が読者の皆様のExcelスキル向上、そして「Excelマクロライフ」の一新への一歩となることを願っています。これからも皆様と一緒に、AIがもたらす新しい働き方や学び方を探究していきましょう。

今後ともよろしくお願いします。

2023年6月
たてばやし　淳

本書のサポートページ一覧

番号	対応箇所	URL	本書における掲載場所
1	教材ファイルの一括ダウンロード	https://excel23.com/chat-vba#download	「まえがき」直後または「もくじ」直後などで、「本書の教材ファイルのご案内」を掲載するページがあればそこで紹介
2	OpenAI の「データ利用拒否の申請フォーム（オプトアウトのリクエスト)」の方法	https://excel23.com/chat-vba#optout	1-5「データ利用拒否の申請フォーム」にて、YouTube の動画 URL の代わりに、左記の URL を掲載する
3	「PART1」で紹介したプロンプト、VBA のソースコード、補足動画	https://excel23.com/chat-vba#part1	章の最初のセクション (例 :1-1) に、「この章で紹介する命令文 (プロンプト)、VBA のコード、補足動画は以下のサポートページで閲覧できます。」などと記載して URL を紹介
4	「PART2」で紹介したプロンプト、VBA のソースコード、補足動画	https://excel23.com/chat-vba#part2	同上
5	「PART3」で紹介したプロンプト、VBA のソースコード、補足動画	https://excel23.com/chat-vba#part3	同上
6	「PART4」で紹介したプロンプト、VBA のソースコード、補足動画	https://excel23.com/chat-vba#part4	同上
7	「PART5」で紹介したプロンプト、VBA のソースコード、補足動画	https://excel23.com/chat-vba#part5	同上
8	「PART6」で紹介したプロンプト、VBA のソースコード、補足動画	https://excel23.com/chat-vba#part6	同上
9	「PART7」で紹介したプロンプト、VBA のソースコード、補足動画	https://excel23.com/chat-vba#part7	同上
10	「PART8」で紹介したプロンプト、VBA のソースコード、補足動画	https://excel23.com/chat-vba#part8	同上

■企画・編集　イノウ（http://www.iknow.ne..jp/）
■ブックデザイン　河南 祐介（FANTAGRAPH）
■イラストレーション　千野 エー
■DTP・図版作成　西嶋 正

学習と業務が加速する

ChatGPTと学ぶExcel VBA&マクロ

2023年　7月　5日　初版第1刷発行

著　者　　たてばやし 淳
発行人　　片柳 秀夫
発行所　　ソシム株式会社
https://www.socym.co.jp/
〒101-0064 東京都千代田区神田猿楽町1-5-15　猿楽町SSビル
TEL　03-5217-2400（代表）
FAX　03-5217-2420
印刷　　株式会社暁印刷

定価はカバーに表示してあります。
落丁・乱丁は弊社編集部までお送りください。送料弊社負担にてお取り替えいたします。
ISBN978-4-8026-1417-7